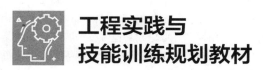

工程实践与
技能训练规划教材

机械加工基础训练

▶ ▶

邵伟平　主编

JIXIE JIAGONG
JICHU XUNLIAN

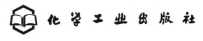

化学工业出版社

·北京·

内 容 简 介

《机械加工基础训练》根据职业本科院校、应用型本科院校工科类专业培养计划和机械加工基础训练教学大纲要求编写，主要内容包括文明生产及安全规程、机械加工基础知识、车削加工、铣刨磨削加工、钳工、铸焊、数控车削加工、数控铣削加工等方面的知识和技能，共8个模块。由于机械类、非机械类专业很多，教学要求不同，为使教材具有通用性，并考虑到其他院校的实习训练情况，本书在编写中既包含传统工艺技术知识，又引入了三坐标测量、粗糙度仪检测、激光焊接等新技术、新工艺的内容，且在各工种实训中都有详细的工程实践案例进行操作训练。为方便教学，书中配套视频、动画、课件等资源。

本教材可作为职业本科院校、应用型本科院校、高职高专院校金工实训或工程训练的教学用书，也可作为相关工程技术人员的培训用书和参考书。

图书在版编目（CIP）数据

机械加工基础训练/邵伟平主编 .—北京：化学工业
出版社，2021.6
ISBN 978-7-122-38790-5

Ⅰ．①机…　Ⅱ．①邵…　Ⅲ．①金属切削–高等学校–
教材　Ⅳ．①TG506

中国版本图书馆CIP数据核字（2021）第053210号

责任编辑：韩庆利	文字编辑：宋　旋　陈小滔
责任校对：李雨晴	装帧设计：史利平

出版发行：化学工业出版社（北京市东城区青年湖南街13号　邮政编码100011）
印　　刷：北京京华铭诚工贸有限公司
装　　订：三河市振勇印装有限公司
787mm×1092mm　1/16　印张11½　字数 276千字　2021年7月北京第1版第1次印刷

购书咨询：010-64518888　　　　　　　　　售后服务：010-64518899
网　　址：http://www.cip.com.cn
凡购买本书，如有缺损质量问题，本社销售中心负责调换。

定　　价：35.00元

前　言

　　机械加工基础训练是一门实践性很强的技术基础课，是机械类、近机类专业学生熟悉机械加工生产过程、培养动手实践能力的重要实践性课程，也是非机电类专业学生了解生产设备、生产过程，培养生产劳动能力的一门选修课。通过理论学习与技能训练，学生将熟悉机械制造的一般过程，掌握机械加工的主要工艺方法和工艺过程，熟悉各种设备和工具的安全操作方法；同时了解新技术新工艺在机械制造中的应用；掌握普通零件的加工方法；结合生产实践案例训练培养学生的创新意识，为培养应用型、复合型高级人才打下一定的理论与实践基础。

　　本书共分为8个模块，主要内容包括文明生产及安全规程、机械加工基础知识、车削加工、铣刨磨削加工、钳工、铸焊、数控车削加工、数控铣削加工等机械加工领域的基本技能训练。在每一模块技能的训练中，都安排了相关的生产实践案例，在编写过程中把握好技术与技能教育的规律，充分反应职业岗位要求与教学内容之间的逻辑关系，注意基础知识教学与应用能力培养之间的协调一致。

　　本书为职业本科、应用型本科院校机械制造类、自动化类、机电设备类等专业机械加工基础实训课程的教材，也可作为高职高专、成人教育、企业技术技能培训的教材，同时还可作为机械行业工人上岗前的自学参考书。

　　本书由无锡职业技术学院邵伟平主编并统稿。其中，模块1由无锡职业技术学院丁浩编写，模块2～8由邵伟平编写。在编写过程中还得到无锡职业技术学院孙晓霞、徐新、杨飞、卓奇敏等老师的帮助，在此表示衷心感谢。

　　由于编者的水平有限，书中难免有疏漏或是不足之处，敬请广大读者批评指正。

编　者

目 录

模块1 ——— 1

    文明生产及安全规程

1.1 ▶ 文明生产 ·· 1

1.2 ▶ 安全规程 ·· 2

    1.2.1　车削实训的安全规程 ·· 2

    1.2.2　铣削、刨削实训的安全规程 ·· 2

    1.2.3　磨削实训的安全规程 ·· 3

    1.2.4　钳工实训的安全规程 ·· 3

    1.2.5　铸造实训的安全规程 ·· 3

    1.2.6　焊接实训的安全规程 ·· 4

    1.2.7　数控车床实训的安全规程 ·· 4

    1.2.8　数控铣床实训的安全规程 ·· 4

模块2 ——— 6

    机械加工基础知识

2.1 ▶ 工程材料 ·· 6

    2.1.1　常用工程材料分类 ··· 6

    2.1.2　常用金属材料简介 ··· 6

2.2 ▶ 常用热处理方法 ··· 9

    2.2.1　概述 ··· 9

    2.2.2　普通热处理 ··· 9

    2.2.3　表面热处理 ·· 10

2.3 ▶ 检测器具及检测方法 ··· 11

    2.3.1　常用检测量具的使用 ··· 11

    2.3.2　三坐标测量仪的使用 ··· 19

    2.3.3　表面粗糙度仪的使用 ··· 22

2.4 ▶ 加工精度与表面质量 ··· 23

    2.4.1　加工精度 ·· 23

2.4.2 表面质量 ·· 24

2.4.3 表面粗糙度与尺寸精度的关系 ····························· 25

模块3 ——————————————————————————————————— 26

车削加工

3.1 ▶ 车削加工概述 ··· 26

3.1.1 车削加工的特点及范围 ······································ 26

3.1.2 切削用量选择 ··· 27

3.2 ▶ 卧式车床 ·· 28

3.2.1 卧式车床的组成 ·· 28

3.2.2 卧式车床的传动 ·· 29

3.3 ▶ 车削刀具 ·· 30

3.3.1 车刀的种类和用途 ··· 30

3.3.2 车刀的组成 ··· 30

3.3.3 车刀的几何角度及其作用 ··································· 30

3.3.4 车刀的材料 ··· 32

3.3.5 车刀安装 ·· 32

3.4 ▶ 工件的安装 ··· 33

3.5 ▶ 车削的基本操作内容及要点 ································ 33

3.5.1 车端面、外圆和台阶 ··· 33

3.5.2 切槽和切断 ··· 35

3.5.3 车削圆锥 ·· 37

3.5.4 车削三角螺纹 ··· 39

3.5.5 滚花 ··· 42

3.6 ▶ 车削实训案例(板牙架的加工) ··························· 44

模块4 ——————————————————————————————————— 49

铣削、刨削、磨削

4.1 ▶ 铣削基本知识 ·· 49

4.1.1 常用铣床的基本结构 ·· 49

4.1.2 铣削加工的基本知识 ·· 51

4.1.3 铣床的手柄及铣刀安装操作 ································ 54

4.2 ▶ 铣削的基本操作内容及要点 ································ 58

4.2.1 铣平面 ·· 58

4.2.2 铣矩形工件 ··· 61

4.2.3 铣直角沟槽 ··· 64

4.2.4 铣封闭式键槽 ··· 66

4.3 ▶ 铣削实训案例(压板的加工) ······························ 69

4.4 ▶ 刨削基本知识 ·· 72

4.4.1 刨床的基本结构 ·· 72

4.4.2 刨床的基本操作 ·· 72

4.5 ▶ 刨削的基本操作内容及要点 ·· 73

4.6 ▶ 磨削基本知识——外圆磨床 ·· 75

4.7 ▶ 磨削的基本操作内容及要点 ·· 76

    4.7.1 磨平面 ··· 76

    4.7.2 磨外圆 ··· 77

模块5 ———————————————————————————————————— **79**

        钳工

5.1 ▶ 钳工概述 ·· 79

    5.1.1 钳工的工艺范围 ··· 79

    5.1.2 钳工的主要设备及工量具 ··· 79

5.2 ▶ 划线、锉削 ·· 81

    5.2.1 划线的种类与作用 ··· 81

    5.2.2 锉刀 ··· 82

    5.2.3 锉削 ··· 83

5.3 ▶ 锯削 ·· 85

    5.3.1 锯削工具 ··· 85

    5.3.2 锯削方法 ··· 86

5.4 ▶ 钻孔与螺纹加工 ·· 87

    5.4.1 钻头 ··· 87

    5.4.2 钻孔 ··· 88

    5.4.3 螺纹手工加工 ··· 89

5.5 ▶ 铰孔 ·· 92

5.6 ▶ 镶配 ·· 93

    5.6.1 形位公差检测要求 ··· 93

    5.6.2 基准面的加工 ··· 95

    5.6.3 平行面与对称面的加工 ·· 96

    5.6.4 斜面的加工 ··· 97

5.7 ▶ 钳工的基本操作内容及要点 ·· 99

    5.7.1 平面锉削练习 ··· 99

    5.7.2 锯削练习 ·· 100

5.8 ▶ 钳工实训案例 ··· 101

    5.8.1 螺母螺栓制作 ·· 101

    5.8.2 小榔头制作 ·· 105

    5.8.3 四方件的加工 ·· 108

    5.8.4 铰孔与排孔加工 ·· 109

    5.8.5 四方件镶配加工 ·· 110

    5.8.6 鲁班锁的制作 ·· 111

模块6 ———————————————————————————————————— **115**

        铸造、焊接

6.1 ▶ 铸造概述 ·· 115

6.2 ▶ 砂型铸造 ··· 115

6.2.1 砂型铸造的工艺过程 ··· 115

6.2.2 造型材料 ··· 116

6.2.3 造型方法 ··· 116

6.2.4 浇注系统 ··· 119

6.2.5 铸铁的熔炼和浇注 ··· 120

6.2.6 落砂、清理与检验 ··· 121

6.3 ▶ 焊接概述 ··· 121

6.4 ▶ 手工电弧焊 ··· 122

6.4.1 焊接电弧 ··· 122

6.4.2 焊条电弧焊设备 ··· 123

6.4.3 电焊条 ··· 123

6.4.4 焊条电弧焊工艺 ··· 124

6.5 ▶ 激光焊、等离子焊简介 ··· 126

6.5.1 激光焊 ··· 126

6.5.2 等离子弧焊 ··· 127

模块 7 ———————————————————————————— **129**

数控车削加工

7.1 ▶ 数控车床概述 ··· 129

7.1.1 数控车床的工作原理 ··· 129

7.1.2 数控车床的组成 ··· 129

7.1.3 数控系统的主要功能 ··· 130

7.2 ▶ 数控车床编程基础 ··· 131

7.2.1 数控车床的坐标系 ··· 131

7.2.2 数控加工程序的结构 ··· 131

7.2.3 数控加工指令 ··· 132

7.3 ▶ 数控车床刀具简述 ··· 137

7.4 ▶ 数控车床基本操作 ··· 138

7.4.1 数控车床操作面板 ··· 138

7.4.2 数控车床对刀操作 ··· 141

7.5 ▶ 数控车床加工实训案例 ··· 142

7.5.1 阶梯轴类零件加工 ··· 142

7.5.2 球面、圆弧面类零件加工 ··· 149

7.5.3 内轮廓类零件加工 ··· 152

模块 8 ———————————————————————————— **155**

数控铣削加工

8.1 ▶ 数控铣床概述 ··· 155

8.1.1 立式数控铣床 ··· 155

8.1.2 卧式数控铣床 ··· 155

8.1.3 数控龙门铣床 ··· 156

8.2 ▶ 数控铣床编程基础 ·· 156

8.2.1 数控铣床的坐标系 ··· 156

8.2.2 数控铣床的基本指令 ··· 157

8.2.3 数控铣的刀具半径补偿 ··· 158

8.3 ▶ 数控铣刀及安装 ·· 158

8.3.1 数控铢床常用刀具介绍 ··· 158

8.3.2 数控铣刀的安装及使用 ··· 160

8.4 ▶ 数控铣床基本操作 ·· 161

8.4.1 数控铣床开、关机操作 ··· 161

8.4.2 数控铣床操作面板 ··· 162

8.4.3 数控铣床对刀控制 ··· 163

8.4.4 加工程序的输入和编辑 ··· 165

8.4.5 数控铣床对刀操作 ··· 166

8.5 ▶ 数控铣床加工实训案例 ······································ 167

8.5.1 数控铣床加工工艺分析案例 ····································· 167

8.5.2 首饰盒的加工 ··· 169

参考文献 ··· 173

模块 1
文明生产及安全规程

1.1 文明生产

"机械加工基础训练"是工科院校的一门实践性很强的技术基础课，是机械类、近机械类各专业学生学习工程材料、机械制造基础及专业课程必不可少的先修课，是机械制造各主要工种基础性、综合性的工程实践课程。通过实训，学习机械制造工艺知识，了解机械制造生产过程，培养实践工作能力，为学习有关课程和今后从事相关工作奠定必要的实践基础。

"机械加工基础训练"应以实践教学为主的原则，认真贯彻教学实训基本要求。实训的学生必须进行独立操作，适当配合一些现场教学方式进行。在实训过程中要培养学生的质量意识、安全意识、群体意识、经济意识、管理意识及劳动观念，培养理论联系实际的学习方法，培养学生作为二十一世纪的工程技术人员应具备的基本工程意识，成为具有一定素质的创新人才。

为保证实训的正常进行和实训的质量与安全，特做以下规定：

① 学生到工厂实训，应尊重指导教师，并虚心学习，听从指导教师的组织安排和指导。在指导教师讲解示范时，认真听、看。在实训中，要不怕脏、不怕累，培养良好的劳动态度。

② 实训期间，在遵守大学生日常行为规范的同时，还应严格遵守实训工厂的安全制度和其他规章制度，如：进车间要穿工作服，不穿裙子和拖鞋，女同学要戴工作帽，不得擅自用工厂的机械设备及工具干私活等。

③ 严格遵守各工种的安全操作规程，确保人身安全和设备安全，严格遵守劳动纪律和实训考勤制度。尊敬师长，虚心学习，勤于思考，刻苦钻研。

④ 严格遵守生产场地的环境保护制度，对工作中的废水、废液、废屑以及其他有毒、有害物品均应按有关规定处理，不能乱倒乱放，保持生产场地环境的清洁卫生。

⑤ 搞好文明生产，把用完的工、量具擦净，按保养规定放置好，防止损坏。工具和工件应放在指定的位置上，不得乱拿或错拿别人的工件和工具。

⑥ 爱护国家和工厂财物，丢失或损坏工具要赔偿。由于违反制度或不听教师指导而造成非技术原因的事故者，要做检查，并对造成的经济损失按有关规定进行赔偿。

1.2 安全规程

1.2.1 车削实训的安全规程

① 开车前必须进行下列检查：a.各手柄位置是否正确；b.各转动部分是否正常，润滑情况是否良好；c.防护装置是否盖好；d.机床及其周围是否堆放有碍安全的物件；e.工件装夹是否牢固；f.卡盘扳手在夹紧工件后，是否已取下。

② 得到指导教师允许，方可开车。

③ 开车后应注意：a.工作时注意力要集中，要当心溜板运行的极限位置；b.严禁用手接触工作中的刀具、工件等，不要将身体靠在机床上；c.遇到刀具磨损、破裂等情况，应立即停车，并向指导教师报告；d.切断时，严禁用手抓住将要断离的工件；e.切削中不准用棉纱擦工件或刀具；f.变速时必须先停车，后调整；g.切削中途要停车，不允许用倒车来代替刹车，也不允许用手掌压住卡盘去刹车；h.切削时，头不要离工件及刀具太近，人站立位置应偏离切屑飞出的方向，不能用手触摸工件，也不能用量具测量工件，以防损坏量具和发生人身事故；i.清除切屑时，应该用铁钩或刷子，不能用手去拉；j.操作中不得擅自离开工作岗位，若因故离开，应随手关闭电门。

④ 工作结束后，切断电源，清除切屑，擦拭机床，加油润滑，保持良好的工作环境。

1.2.2 铣削、刨削实训的安全规程

① 开机前必须检查手柄位置是否正确，用手动操作移动各运动部件，检查旋转部分及机床周围有无碰撞或不正常现象，操作者必须在机床的两侧。

② 先开电源开关再开铣床运转开关，并应避免带负荷直接开动铣床。停车时，应先关铣床运转开关，再切断电源开关。

③ 铣床运转中，操作者应站在安全位置，不得触摸工件、刀具和传动部件，并要防止切屑飞溅伤人。不得隔着运转部件传递和拿取工具等物品，工作台面不准任意放置工具或其他物品。

④ 调整铣床、变换速度、调换附件、装夹工件和刀具及测量等工作应在停车时进行。

⑤ 铣床运转中不得离开工作岗位，因故离开必须停车断电。不能用手拨或嘴吹来清除切屑，需要时可停车用专用刷子或器具清除。运转中发现异常情况或故障应立即停车检修。

⑥ 注意做好铣床保养工作，按规定加润滑油。工作结束切断电源，扫清切屑，擦净铣床，导轨面上涂防锈油，调整有关部件，使铣床处于完好的正常状态。

⑦ 工件、刀具和夹具都必须装夹牢固。

⑧ 刨削时，不能迎着切屑方向看工件，不能测量正在加工的工件或用手去摸工件，不能用手直接去清除切屑，应该用钩子或刷子进行清除。

⑨ 凡两人操作一台机床时，一定要注意相互配合，以一人操作为主，严禁两人同时操作，以防意外。

⑩ 在刨床变速、装卸工件、紧固螺钉、测量工件时，必须先停车。

⑪ 发现机床运转有不正常现象，应停车，切断电源，报告指导教师。

⑫ 工作结束后，应清理机床并在导轨面上加润滑油，并认真擦拭工具、量具和其他辅具，清扫工作地，切断电源。

1.2.3 磨削实训的安全规程

① 应根据工件材料、硬度及磨削要求，合理选择砂轮。新砂轮要用木锤轻敲，检查有否裂纹，有裂纹的砂轮严禁使用。

② 安装砂轮时，在砂轮与法兰盘之间要垫衬纸，砂轮安装后要做砂轮静平衡。砂轮的工作速度应符合所用机床的使用要求，高速磨床特别要注意校核，以防发生砂轮破裂事故。

③ 开机前应检查磨床的机械、砂轮罩壳等是否坚固，防护装置是否齐全。

④ 砂轮装好后，操作者应站在侧面，先试车空转5min，确定砂轮运转正常时才能开始磨削。

⑤ 不得在加工中测量，测量工件时要将砂轮退离工件。

⑥ 外圆磨床纵向挡铁的位置要调整得当，防止砂轮与顶尖、卡盘、轴肩等部位发生撞击；在平面磨床上磨削高而窄的工件时，应在工件的两侧放置挡块。使用切削液的磨床，使用结束后应让砂轮空转1~2min脱水。

⑦ 注意安全用电，不得随意打开电气箱；操作时若发现电气故障应请电工维修。

⑧ 实训中应注意文明操作，要爱护工具和工艺文件。

1.2.4 钳工实训的安全规程

① 穿好工作服，女生戴好工作帽，长发应卷入帽内，不准穿拖鞋、高跟鞋。

② 不准擅自动用不熟悉的设备和工具。

③ 禁止使用无手柄的锉刀及有缺陷的工具，錾削、磨削或安装弹簧时，不能朝向别人。

④ 使用钻床、砂轮机时，不许用手接触旋转部位，严禁戴手套操作。

⑤ 使用电动工具时，要有绝缘保护和安全接地措施。

笔记✎

⑥ 清理切屑应用刷子，不能直接用手或棉纱清除，也不能用嘴吹。

⑦ 毛坯和已加工零件应放在正确位置，排列整齐，保证安全、取用方便。

⑧ 工量具应按如下要求摆放：

a. 在钳工台上：工作时，工量具应按次序排列整齐。常用的工量具，应放在工作位置附近，且不能超出钳工台边缘。

b. 量具不能与工件、工具混放在一起，应放在量具盒内或专用板架上。精密量具应轻拿轻放。

⑨ 工作场地应保持整洁。工作完毕，工作场地必须清扫干净，切屑、垃圾等应倒放在规定地点。

1.2.5 铸造实训的安全规程

① 工作时应穿好工作服，长发要纳入帽内，不允许戴手套操作。

② 造型所用的工具应放置在工具箱内，每人一套。

③ 熔化铁水时，应注意防止铁水飞溅伤人。

④ 浇注前，要准备好浇包和挡渣钩，清理场地，使浇注场地走道通畅。

⑤ 上、下砂型要用螺栓或压铁压箱紧固，以使浇具、量具、夹具保持其清洁和精度完好；要注意铁水"跑火"而伤人。

⑥ 清理铸件时，注意温度，防止烫伤。

1.2.6　焊接实训的安全规程

① 焊前应检查焊炬、割炬的射吸能力，是否漏气，焊嘴、割嘴是否有堵塞等。

② 严禁在氧气阀开启时，用手或其他物体堵塞焊嘴和割嘴，更不能把已燃的焊炬、割炬卧放在工件、地面上或朝向他人。

③ 在焊、割过程中若遇到回火，应迅速关闭氧气阀，然后关闭乙炔阀，等待处理。

④ 不用手直接触及被焊工件和焊丝的焊接端。

1.2.7　数控车床实训的安全规程

① 工作时，应穿戴好劳保用品，女生应带发网，禁止戴手套操作数控机床。

② 数控机床开机时，一般是先合闸（强电），再开启操作系统（弱电）；关机，则与其相反。否则易丢失数据，并可能损坏操作系统。

③ 机床开始工作前要预热，认真检查润滑系统工作是否正常，如机床长时间未开动，可先启动主轴。开始切削前，各坐标轴应先回零，并检查工件、刀具是否装夹稳妥，工作区内是否存在杂物；关好防护罩门。

④ 在程序正常运行中，禁止随意开启防护罩门，禁止打开电器柜门，禁止按下"急停"和"复位"等按钮。

笔记

⑤ 在加工过程中，禁止用手接触刀尖和切屑；禁止用手或其他任何方式接触正在旋转的主轴、工件或其他运动部位；禁止在加工过程中用棉丝擦拭工件，也不得清扫机床。

⑥ 未经主管人员同意，不得随意更改控制系统内制造厂家设定的参数；以便稳定地操作踏杆，保证完好的正常状态。不得擅自更改零件加工程序。

⑦ 机床运转中，操作者不得擅自离开岗位；机床发生异常现象时，应立即停下机床，注意保护现场，并及时向维修人员报告。

⑧ 加工结束后，应及时清除切屑、擦拭机床，使机床与环境保持在清洁状态；不允许采用压缩空气清洗机床、电气柜及数控单元。

1.2.8　数控铣床实训的安全规程

1.2.8.1　工作前的准备

① 检查设备的传动系统、操作系统、润滑系统、气动系统、各种开关起始位置、安全制动防护装置、电力稳压系统及电气指示等，上述系统及装置要齐全、正确、可靠和完好，

紧固件、联结件不应松动。

② 按设备润滑图表注油润滑。

③ 以手动方式低速试运转主轴及各伺服轴。

④ 根据零件加工程序单，检查数控系统内存表中的刀具补偿值及零点偏置位置是否有误，应调出刀具补偿值和零点偏置值，检查其是否正确。

⑤ 紧固零件使用T形螺栓的规格要和设备工作台的T形槽规格一致，紧固时用力应适中，禁止在设备各部位加力校正零件。

⑥ 检查是否遵守了机床使用说明书中规定的注意事项。

1.2.8.2　工作中的正确操作

① 按设备说明书合理使用、正确操作，禁止超负荷、超性能和超规范使用。

② 首件编程试加工时，操作者要和编程人员密切配合，在确认程序无误后，方可转入正式加工。

③ 装夹刀具时，应将锥柄、主轴锥孔及定位面擦拭干净。

④ 工件、刀具必须安装牢固，装卸工件时防止碰撞机床。较重的零件和夹具在装卸时，应用吊车或在他人协助下完成。

⑤ 在加工过程中，操作者不得擅离岗位或托人代管，不能做与工作无关的事情。暂时离岗可按"暂停"按钮。要正确使用"急停开关"，工作中严禁随意拉闸断电。

⑥ 设备导轨面、工作台面禁止放置工卡量具、堆放零件和无关物件。禁止踩踏各防护罩，不许穿带金属钉的鞋踩踏工作台面。

⑦ 设备运行中注意异常现象，发生故障及时停车，采取措施，并记录显示故障内容。发生事故，应立即停车断电，保护现场，及时上报，不得隐瞒，并配合主管部门做好分析调查工作。

1.2.8.3　工作后的保养

① 操作者要及时清理设备上的切屑杂物（严禁使用压缩空气），整理工作现场，做好保养工作。

② 设备保养完毕，操作者要将设备各开关手柄及部件移归原位。各工作台面涂油保护，按规定顺序切断电源。

③ 按交接班规定进行交接，并做好记录采用手动方式向各部分供给润滑油润滑。

笔记

机械加工基础知识

2.1 工程材料

2.1.1 常用工程材料分类

工程材料主要指用于机械工程、电气工程、航空航天工程等领域的材料。世界各国对工程材料的分类也不尽相同，但就大的类别来说，可以分为金属材料、非金属材料及复合材料三大类。金属材料有黑色的钢铁材料和非铁金属及合金等，非金属材料有陶瓷和高分子材料等，复合材料有纤维复合材料以及其他各种复合材料等等。

2.1.2 常用金属材料简介

2.1.2.1 碳素钢

碳素钢是指碳的质量分数低于2.11%，并有少量硅、锰以及磷、硫等杂质的铁碳合金。工业上应用的碳素钢碳的质量分数一般不超过1.4%。这是因为碳的质量分数超过此量后，表现出很大的硬脆性，并且加工困难，失去生产和使用价值，无法很好地满足相关的生产和使用要求。

（1）碳素钢的分类

碳素钢的分类方法主要有下列几种：

① 按含碳量分，低碳钢 $W_C \leqslant 0.25\%$、中碳钢 $P0.25\% < W_C \leqslant 0.60\%$、高碳钢 $W_C > 0.60\%$。

② 按质量分，普通碳素钢 $W_S \leqslant 0.050\%$，$W_P \leqslant 0.045\%$；优质碳素钢 $W_S \leqslant 0.035\%$，$W_P \leqslant 0.035\%$；高级优质碳素钢 $W_S \leqslant 0.030\%$，$W_P \leqslant 0.030\%$；特级优质碳素钢 $W_S \leqslant 0.020\%$，$W_P \leqslant 0.025\%$。

③ 按用途分，碳素钢分为碳素结构钢、碳素工具钢。

④ 按冶炼方法分，可分为平炉钢、转炉钢（氧气转炉、空气转炉）和电炉钢。

⑤ 按钢的脱氧程度分，可分为沸腾钢（钢号后标"F"）、镇静钢（用"Z"表示，可不标出）、半镇静钢（钢号后标"b"）、特殊镇静钢（代号为"TZ"，可不标出）。

（2）典型碳素钢的牌号、主要性能及用途（表2-1）

表 2-1 碳素钢的牌号、主要性能及用途

序号	分类	典型钢号	典型钢号说明	用途
1	碳素结构钢	Q235AF	沸腾钢,质量为A级,屈服强度为235MPa	主要用作焊接件、紧固件、轴、支座等
2	优质碳素结构钢	45	平均碳的质量分数0.45%	低碳钢强度低,塑性好,可制作容器、冲压件等;中碳钢强度高,塑性适中,可用于制作调质件,如轴、套等;高碳钢强度高,塑性差,弹性差,可制作弹性零件及耐磨件,如弹簧、轧辊等
		65Mn	Mn含量较高,平均碳的质量分数为0.65%	
3	碳素工具钢	T8	平均碳的质量分数为0.8%	根据碳的质量分数不同,分别用于制作冲模、量规或锉刀、刮刀及手用工具等

2.1.2.2 合金钢

合金钢就是在碳素钢的基础上加入其他元素的钢,加入的其他元素称为合金元素。常用的合金元素有硅(Si)、锰(Mn)、铬(Cr)、镍(Ni)、钨(W)、钼(Mo)、钒(V)、钛(Ti)、铝(Al)、硼(B)及稀土元素(RE)等。合金元素在钢中的作用,是通过与钢中的铁和碳发生作用、合金元素之间的相互作用以及影响钢的组织和组织转变过程,从而提高了钢的力学性能,改善钢的热处理工艺性能和获得某些特殊性能。合金钢常用来制造重要的机械零件、工程结构件以及一些在特殊条件下工作的钢件。

(1)合金钢的分类

① 按化学成分分类。按合金元素质量分数的不同,合金钢分为低合金钢(合金元素质量分数小于5%)、中合金钢(合金元素质量分数为5%~10%)和高合金钢(合金元素质量分数大于10%)三类。

② 按用途分类

a. 合金结构钢。合金结构钢分为两类:一类为机器零件用钢;另一类为建筑及工程结构用钢。

b. 合金工具钢。合金工具钢通常分为刀具钢、模具钢、量具钢三类。

c. 特殊性能钢。特殊性能钢是具有特殊物理、化学和力学性能的钢,分为磁钢、不锈钢、耐热钢、耐磨钢等。

(2)合金钢的牌号

我国合金钢的牌号是以钢中碳的质量分数及所含合金元素的种类和数量来表示的。从牌号上可以直接识别出钢的化学成分、钢种及用途。合金钢的牌号编制规则如下:

① 合金结构钢的牌号。合金结构钢的牌号采用"数字+化学元素+数字"的方法编制。前面的数字表示钢的平均含碳量,以平均万分数表示碳的质量分数,例如平均碳的质量分数为0.25%则以25表示。合金元素直接用化学符号表示,后面的数字表示合金元素的含量,以平均百分数表示合金元素的质量分数,合金元素的平均质量分数少于1.5%时,牌号中只标明元素,不标明含量,当合金元素质量分数为1.50%~2.49%、2.50%~3.49%、3.50%~4.49%、4.50%~5.49%时,则相应地以2、3、4、5……来表示。例如,含有0.37%~0.44%C、0.8%~1.1%Cr的铬钢,以40Cr表示。含有0.56%~0.64%C、1.5%~2.0%Si、0.6%~0.9%Mn的硅锰钢以60Si2Mn表示。

另外,对于有些合金结构钢,为表示其用途,在钢号前面再附以字母。如:滚动轴承钢

笔记

在钢号前加以"滚"字的汉语拼音字首"G"，后面的数字表示Cr的质量分数，以平均质量分数的千分之几表示，如GCi9（滚铬9）、GCr15（滚铬15）等。

② 合金工具钢的牌号。平均碳的质量分数大于等于1.0%时不标出；小于1.0%时以千分之几表示，但高速工具钢平均碳的质量分数小于1.0%也不标出。合金元素质量分数的表示方法与合金结构钢相同。例如，9SiCr表示平均碳的质量分数为0.9%，Si、Cr平均质量分数小于1.5%的低合金工具钢。

③ 特殊性能合金钢的牌号。12Cr13表示碳的质量分数不超过0.15%，铬的平均质量分数为11.50%~13.50%的耐热钢。但有些特殊性能合金钢，只表示其主要合金的含量，碳的质量分数不标出，如Mn13只表示其Mn的平均质量分数约为13%，碳的质量分数在牌号上不予表示。

2.1.2.3 铸铁

碳的质量分数在2.11%以上的铁碳合金。工业用铸铁一般碳的质量分数为2%~4%。C在铸铁中多以石墨形态存在，有时也以渗碳体形态存在。除C外，铸铁中还含有质量分数为1%~3%的Si，以及Mn、P、S等元素。合金铸铁还含有Ni、Cr、Mo、Al、Cu、B、V等元素。C、Si是影响铸铁显微组织和性能的主要元素。按断口颜色可分为灰铸铁、白口铸铁和麻口铸铁。

① 灰铸铁。这种铸铁中的碳大部分或全部以自由状态的片状石墨形式存在，其断口呈暗灰色，有一定的力学性能和良好的可加工性，普遍应用于工业生产中。

② 白口铸铁。白口铸铁是组织中完全没有或几乎没有石墨的一种铁碳合金，其断口呈白亮色，硬而脆，不能进行切削加工，很少在工业上直接用来制作机械零件。由于其具有很高的表面硬度和耐磨性，又称为硬铸铁。

③ 麻口铸铁。麻口铸铁是介于白口铸铁和灰铸铁之间的一种铸铁，其断口呈灰白相间的麻点状，性能差，应用极少。

2.1.2.4 有色金属及其合金

笔记

有色金属是指Fe、Cr、Mn三种金属以外所有的金属。与黑色金属相比，有色金属具有更好的耐蚀性、耐磨性、导电性、导热性、韧性、塑性及更高的强度，具有放射性等特殊性能，具有良好的延展性，易于进行压力加工和轧制，是发展现代工业、现代国防和现代科学技术不可缺少的重要材料。

（1）铝及铝合金

① 纯铝。纯铝是银白色金属，主要的性能特点是密度小，导电性和导热性高，耐大气腐蚀性能好，塑性好，无铁磁性。因此适宜制造要求导电的电线、电缆，以及导热和耐大气腐蚀而对强度要求不高的某些制品。

② 铝合金。在纯铝中加入Cu、Mg、Si等合金元素后所组成的铝合金，不仅基本保持了纯铝的优点，还可明显提高其强度和硬度，使其应用领域显著扩大。目前，铝合金广泛应用于普通机械、电气设备、航空航天器、运输车辆和装饰装修。铝合金分为变形铝合金及铸造铝合金两种。

a. 变形铝合金。变形铝合金是通过冲压、弯曲、轧制、挤压等工艺使其组织、形状发生变化的铝合金。变形铝合金又分为四种：防锈铝合金、硬铝合金、超硬铝合金与锻铝合金。

b. 铸造铝合金。铸造铝合金具有与变形铝合金相同的合金体系，具有与变形铝合金相同的强化机理，它们主要的差别在于：铸造铝合金中合金化元素硅的最大含量超过多数变形铝合金中的硅含量。

（2）铜及铜合金。铜及铜合金的应用范围仅次于钢铁，它具有优良的导电性和导热性，以及很好的冷、热加工性能和良好的耐蚀性；铜的强度不高，硬度较低。铜及铜合金一般分为纯铜、黄铜、青铜和白铜。广泛用于电力、电子、仪表、机械、化工、海洋工程、交通、建筑等各种工业技术部门。

① 纯铜。纯铜呈玫瑰红色，表面氧化膜是紫色，又称为紫铜。纯铜的密度为 $8.9g/cm^3$，熔点为 $1083℃$，纯度为 $99.5\%\sim99.95\%$，具有良好的导热性和导电性，其电导率仅次于银而位居第二位，广泛用作导电材料及配制铜合金的原料。

根据铜中杂质含量及提炼方法不同，纯铜分为工业纯铜、无氧铜和磷脱氧铜。

② 铜合金。根据化学成分不同，铜合金分为黄铜、青铜和白铜三类。根据生产方法的不同，铜合金还可以分为加工铜合金和铸造铜合金。

a. 黄铜。黄铜是以锌为主要合金元素的铜合金。其力学性能明显优于纯铜，黄铜具有良好的工艺性能、力学性能及耐蚀性，且其导电性和导热性较高，是有色金属材料中应用最广泛的一种。

b. 青铜。青铜指以除锌、镍外的元素为主要合金元素的铜合金。包括锡青铜、铝青铜、硅青铜等。根据加工产品的形式，青铜也可分为压力加工青铜和铸造青铜。青铜具有优良的综合力学性能，耐蚀性高于纯铜和黄铜，耐磨性及弹性均较好。

2.2 常用热处理方法

2.2.1 概述

热处理是采用适当的方式对金属材料或工件进行加热、保温和冷却，以获得所需要的组织结构和性能的工艺。热处理在机械制造业中占有十分重要的地位。它可以充分发挥材料性能的潜力，提高零件的加工性能和服役性能，减轻工件自重，节约材料，降低成本。

热处理与其他加工方法（如压力加工、铸造、焊接等）不同，它不改变工件的形状和大小，而只改变工件的内部组织和性能。热处理的目的，是为了改善钢的性能，例如强度、硬度、塑性、韧性、耐磨性、耐蚀性、加工性能等。热处理工艺可分为普通热处理和表面热处理，其中普通热处理有退火、正火、淬火和回火；表面热处理有表面淬火和表面化学热处理，比如感应淬火、渗碳、渗氮等等。

2.2.2 普通热处理

2.2.2.1 退火

退火是将钢加热到适当温度，保温一定时间，然后缓慢冷却的热处理工艺。其目的是消

笔记 ✎

除残余应力，稳定工件尺寸并防止其发生变形与开裂；降低硬度，提高塑性，改善可加工性；细化晶粒，改善组织，为最终热处理做准备。按金属成分和性能要求的不同，退火可分为完全退火、球化退火及去应力退火。

2.2.2.2　正火

正火是将钢加热到适当温度，保温一定的时间后，在空气中自然冷却的热处理工艺。正火与退火类似，但冷却速度比退火快。钢件在正火后的强度和硬度较退火稍高，但消除残余应力不彻底。因为正火冷却较快、操作简便、生产率高，所以在可能的情况下一般优先采用正火。低碳钢件多用正火代替退火。

2.2.2.3　淬火

淬火是将钢加热到适当温度，保持一定时间，然后在水、油或其他无机盐溶液等介质中快速冷却获得马氏体和（或）贝氏体组织的热处理工艺。淬火可以提高钢件的硬度和耐磨性，淬火与不同的回火工艺配合，可以获得各种需要的性能，是强化钢的主要方法。

2.2.2.4　回火

回火是钢件淬硬后，再加热至适当温度，保温一定时间，然后冷却到室温的热处理工艺。其目的是稳定组织，减少内应力，降低脆性，获得所需性能。表2-2为常见的回火方法及其应用。

表2-2　常见的回火方法及其应用

回火方法	加热温度/℃	力学性能特点	应用范围	硬度HRC
低温回火	150~250	高硬度、耐磨性	刃具、量具、冲模等	58~65
中温回火	350~500	高弹性、韧性	弹簧、钢丝绳等	35~50
高温回火	500~650	良好的综合力学性能	连杆、齿轮及轴类	20~30

2.2.3　表面热处理

笔记

生产中常遇到有些零件（如凸轮、曲轴、齿轮等）在工作时，既承受冲击，表面又承受摩擦，这些零件常用表面热处理，保证"表硬心韧"的使用性能。表面热处理是指仅对工件表层进行热处理以改变其组织和性能的工艺，通常可分为表面淬火和化学热处理两类。

2.2.3.1　表面淬火

表面淬火是将钢件的表面层淬透到一定的深度，而零件中心部分仍保持未淬火状态的一种局部淬火的方法。

表面淬火的目的在于获得高硬度、高耐磨性的表面，而零件中心部分仍然保持原有的良好韧性，常用于机床主轴、齿轮、发动机的曲轴等。目前生产中常用的表面淬火方法有感应淬火和火焰淬火两种。

2.2.3.2　化学热处理

化学热处理是指将金属或合金工件置于一定温度的活性介质中保温，使一种或几种元素渗入它的表层，以改变其化学成分、组织和性能的热处理工艺。其特点是表层不仅有组织改变也有化学成分的改变。按钢件表面渗入的元素不同，化学热处理可分为渗碳、渗氮（氮化）、碳氮共渗、渗硼、渗硅、渗铬等。下面简要介绍渗碳及渗氮两种热处理方法。

① 渗碳。渗碳是指使碳原子渗入到钢表面层的过程。可使低碳钢的工件具有高碳钢的表面层，再经过淬火和低温回火，使工件的表面层具有较高的硬度和耐磨性，而工件的中心部分仍然保持低碳钢的韧性和塑性。渗碳工艺广泛应用于飞机、汽车和拖拉机等机械的零件制造，如齿轮、轴、凸轮轴等。

② 渗氮。在一定温度下使活性氮原子渗入工件表面的化学热处理工艺即为渗氮。其目的是提高表面硬度和耐磨性，并提高疲劳强度和耐蚀性。目前常用的渗氮方法主要有气体渗氮和离子渗氮。

2.3 检测器具及检测方法

2.3.1 常用检测量具的使用

2.3.1.1 游标卡尺的使用

游标卡尺是一种中等精度的量具，可以直接测量工件的外径、内径、长度、宽度和深度尺寸。 按用途不同可分为：普通游标卡尺、电子数显卡尺、带表卡尺、高度游标卡尺等几种。普通游标卡尺结构，如图 2-1 所示。游标卡尺的测量精度有 0.02mm、0.05mm、0.1mm 三种。

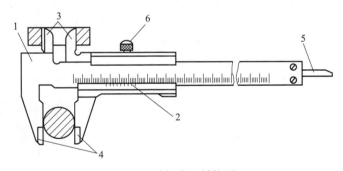

图2-1　游标卡尺结构图

1—尺身；2—游标；3—上量爪（内测）；4—下量爪（外测）；5—深度尺；6—锁紧螺钉

（1）游标卡尺的刻线原理

游标卡尺的尺身每小格是1mm，当两卡脚合并时，主尺尺身上49mm刚好与游标上的第50格重合，游标每格长为49/50=0.98mm，尺身与游标每格相差为1–0.98=0.02mm。因此，它的测量精度为0.02 mm，如图2-2所示。

（2）游标卡尺的读数方法

在游标卡尺上读尺寸时可以分为三个步骤：

① 读整数，即读出游标零线左面尺身上的整毫米数；

② 读小数，即读出游标与尺身对齐刻线处的小数毫米数；

笔记

③ 把两次读数加起来：30+5×0.02=30.1mm，如图2-3所示。

图2-2　读数值为0.02mm游标卡尺读数方法

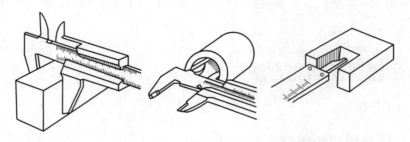

图2-3　游标卡尺的尺寸读数

用游标卡尺测量工件的方法如图2-4所示，使用时注意事项：①检查零线；②放正卡尺；③用力适当。

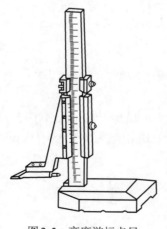

图2-4　游标卡尺的测量方法

2.3.1.2　高度游标卡尺的使用

高度游标卡尺如图2-5所示，用于测量零件的高度和划线。它的结构特点是用质量较大的基座代替固定量爪，活动的尺框则通过横臂装有用于测量高度和划线的量爪，量爪的测量面上镶有硬质合金，以提高量爪的使用寿命。高度游标卡尺的测量工作应在平台上进行。当量爪的测量面与基座的底平面位于同一平面时，如在同一平台平面上，尺身与游标的零线相互对准。所以在测量高度时，量爪测量面的高度就是被测量零件的高度尺寸，其具体数值与游标卡尺一样可在尺身（整数部分）和游标（小数部分）上读出。应用高度游标卡尺划线时，调好划线高度，用紧固螺钉把尺框锁紧，应在平台上先调整再划线。

2.3.1.3　深度游标卡尺的使用

✎笔记

深度游标卡尺如图2-6所示，用于测量零件的深度尺寸或台阶高低及槽的深度。当测量

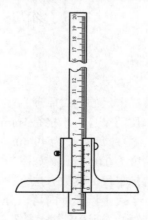

图2-5　高度游标卡尺

图2-6　深度游标卡尺

内孔深度时，应把基座的端面紧靠在被测孔的端面上，使尺身与被测孔的中心线平行，伸入尺身，则尺身端面至基座端面之间的距离就是被测零件的深度尺寸。它的读数方法和游标卡尺完全一样。

测量时，先将测量基座轻轻压在工件的基准面上，两个端面必须与工件的基准面相接触，如图2-7（a）所示。测量轴类的台阶时，测量基座的端面应紧压在基准面上，如图2-7（b）、（c）所示；再移动尺身，直到尺身的端面接触到工件的测量面（台阶面）上，然后用紧固螺钉固定尺框，提起卡尺，读出深度尺寸。测量多台阶小直径的内孔深度时，要注意尺身的端面是否位于待测的台阶上，如图2-7（d）所示。当基准面是曲线时，如图2-7（e）所示，测量基座的端面必须放在曲线的最高点上，测量出的深度尺寸才是工件的实际尺寸，否则会出现测量误差。

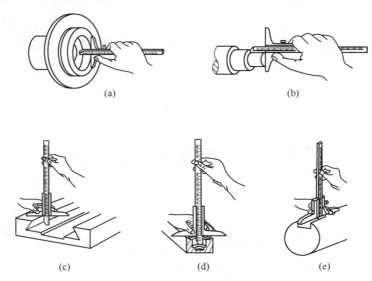

图2-7 深度游标卡尺的使用方法

2.3.1.4 齿厚游标卡尺的使用

齿厚游标卡尺（如图2-8所示）是用来测量齿轮（或蜗杆）的弦齿厚和弦齿顶的量具。这种游标卡尺由两个互相垂直的尺身组成，因此有两个游标。图2-8（a）所示的尺寸可通过调整垂直尺身上的游标获得，图2-8（b）所示的尺寸可通过调整水平尺身上的游标获得。刻线原理和读法与一般游标卡尺相同。

测量蜗杆时，把齿厚游标卡尺读数调整到等于齿顶高（蜗杆齿顶高等于模数m_s），法向卡入齿廓，测得的读数是蜗杆中径（d_2）的法向齿厚。但图样上一般注明的是轴向齿厚，必须进行换算。法向齿厚S_n的换算公式为

$$S_n = \frac{\pi m_s}{2} \cos \tau$$

以上介绍的各种游标卡尺都存在一个共同的问题，就是读数时容易读错，有时不得不借助放大镜将读数放大。现有游标卡尺采用无视差结构，使游标刻线与尺身刻线处于同一平面上，消除了在读数时因视线倾斜而产生的视差。有的游标卡尺装有测微表，成为带表卡尺（如图2-9所示），便于准确读出测量结果，提高了测量精度。 更有一种带有数字显示装置

笔记

的游标卡尺（如图2-10所示），这种游标卡尺在零件表面上量得尺寸后可直接用数字将其显示出来，使用极为方便。

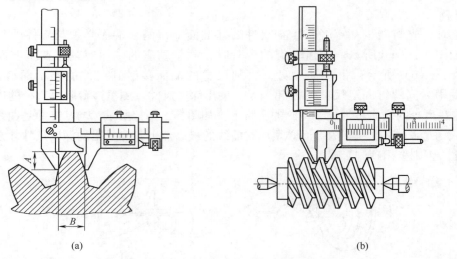

(a)　　　　　　　　　　　　　　(b)

图2-8　齿厚游标卡尺测量齿轮与蜗杆

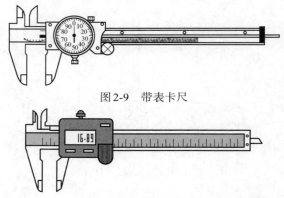

图2-9　带表卡尺

图2-10　数显卡尺

笔记

2.3.1.5　外径千分尺的使用

千分尺的种类很多，机械加工车间常用的有外径千分尺、内测千分尺、深度千分尺以及公法线千分尺等，分别用于测量或检验零件的外径、内径、深度以及齿轮的公法线长度等。

（1）外径千分尺的结构

外径千分尺用于测量或检验零件的外径、凸肩厚度以及板厚或壁厚等（测量孔壁厚度的千分尺，其量面呈球弧形）。它由尺架、测微头、测力装置和制动器等组成。图2-11所示为测量范围为0～25mm的外径千分尺。尺架1的一端装有固定测砧2，另一端装有测微头。固定测砧和测微螺杆的测量面上都镶有硬质合金，以提高测量面的使用寿命。尺架的两侧面覆盖着绝热板12，使用外径千分尺进行测量时，手拿在绝热板上，防止人体的热量影响千分尺的测量精度。

（2）外径千分尺的工作原理和读数方法

① 外径千分尺的工作原理就是应用螺旋读数机构，它包括一对精密的螺纹——测微螺杆与螺纹轴套（图2-11中的件3和件4）和一对读数套筒——固定刻度套筒与微分筒

（图2-11中的件5和件6）。

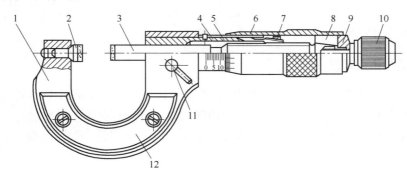

图2-11　0～25mm外径千分尺

1—尺架；2—固定测砧；3—测微螺杆；4—螺纹轴套；5—固定刻度套筒；6—微分筒；
7—调节螺母；8—接头；9—垫片；10—测力装置；11—锁紧螺钉；12—绝热板

用外径千分尺测量零件的尺寸就是把被测零件置于外径千分尺的两个测量面之间。所以两测砧面之间的距离就是零件的测量尺寸。当测微螺杆在螺纹轴套中旋转时，由于螺旋线的作用，测量螺杆就有轴向移动，使两测砧面之间的距离发生变化。如测微螺杆沿顺时针方向旋转一周，则两测砧面之间的距离就缩小一个螺距。同理，若沿逆时针方向旋转一周，则两测砧面之间的距离就增大一个螺距。常用的外径千分尺测微螺杆的螺距为0.5mm。因此，当测微螺杆沿顺时针方向旋转一周时，两测砧面之间的距离就缩小0.5mm。当测微螺杆沿顺时针方向旋转不足一周时，缩小的距离就小于一个螺距，其具体数值可从与测微螺杆连成一体的微分筒的圆周刻度上读出。微分筒的圆周上刻有50个等分线，当微分筒旋转一周时，测微螺杆就推进或后退0.5mm，微分筒转过它本身圆周刻度的一个小格时，两测砧面之间转动的距离为0.5mm÷50=0.01mm。

② 外径千分尺的读数方法。在外径千分尺的固定套筒上刻有轴向中线，作为微分筒读数的基准线。另外，为了计算测微螺杆旋转的整数转，在固定套筒中线的两侧刻有两排刻线，刻线间距均为1mm，上下两排相互错开0.5mm。

外径千分尺的具体读数方法可分为以下三步：

a. 读出固定套筒上露出的刻线尺寸，一定要注意不能遗漏应读出的0.5mm的刻线值。

b. 读出微分筒上的尺寸，要看清微分筒圆周上哪一格与固定套筒的中线基准对齐，将格数乘以0.01mm即得到微分筒上的尺寸。

c. 将上面两个数相加，即为外径千分尺的测得尺寸。

2.3.1.6　内测千分尺的使用

内测千分尺如图2-12所示，用于测量小尺寸内径和内侧面槽的宽度。其特点是容易找

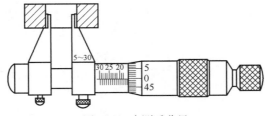

图2-12　内测千分尺

正内孔直径，测量方便。国产内测千分尺的分度值为0.01mm，测量范围有5～30mm和25～50mm两种。内测千分尺的读数方法与外径千分尺相同，只是套筒上的刻线尺寸与外径千分尺相反，另外其测量方向和读数方向也都与外径千分尺相反。

2.3.1.7　公法线千分尺的使用

公法线千分尺如图2-13所示，主要用于测量外啮合圆柱齿轮的两个不同齿面公法线长度，也可以在检验切齿机床精度时，按被切齿轮的公法线检查其原始外形尺寸。其结构与外径千分尺相同，所不同的是在测量面上装有两个带精确平面的量钳（测量面）来代替原来的测砧面。

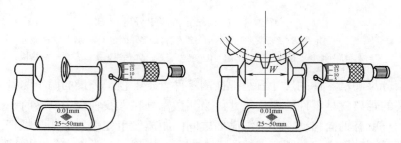

图2-13　公法线千分尺

公法线千分尺的测量范围（单位为mm）有0~25、25~50、50~75、75~100、100~125、125~150。分度值为0.01mm，被测齿轮的模数$m \geq 1$mm。

2.3.1.8　指示表的使用

指示表是指利用机械传动系统，将测量杆的直线位移转变为指针在圆度盘上的角位移，并由圆度盘进行读数的测量器具。其中，分度值为0.1mm的称为十分表，分度值为0.01mm的称为百分表，分度值为0.001mm、0.002mm和0.005mm的称为千分表。量程超过10mm的指示表又称为大量程指示表。

（1）百分表

百分表的外形如图2-14所示。1为百分表外壳，8为测量杆，6为指针，表盘3上刻有100个等分格，其分度值为0.01mm。当指针转一圈时，小指针即转动一小格，转数指示盘5的分度值为1mm。用手转动表圈4时，表盘3也跟着转动，可使指针对准任一刻线。测量杆8是沿着套筒7上下移动的，套筒7可用于安装百分表。9是测头，2是手提测量杆用的圆头。

图2-15所示是百分表内部结构的示意图。带有齿条的测量杆1的直线移动，通过齿轮传动（Z_1、Z_2、Z_3）转变为指针2的回转运动。齿轮Z_4和弹簧3使齿轮传动的间隙始终在一个方向，起着稳定指针位置的作用。弹簧4用于控制百分表的测量压力。百分表

笔记

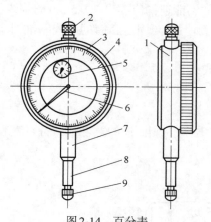

图2-14　百分表

1—百分表外壳；2—圆头；3—表盘；4—表圈；
5—转数指示盘；6—指针；7—套筒；8—测量杆；9—测头

内的齿轮传动机构使测量杆直线移动1mm时，指针正好回转一圈。由于百分表的测量杆是作直线移动的，可用来测量长度尺寸，所以它也是长度测量工具。目前国产百分表的测量范围（即测量杆的最大移动量）有0~3mm、0~5mm、0~10mm三种。

（2）内径百分表

内径指示表是指利用机械传动系统，将活动测头的直线位移转变为指针在圆度盘上的角位移，并由圆度盘进行读数的内尺寸测量器具。其中，分度值为0.01mm的称为内径百分表（如图2-16所示），分度值为0.001mm和0.002mm的称为内径千分表。

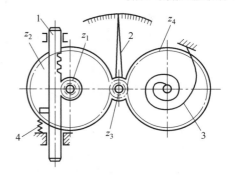

图2-15　百分表的内部结构
1—测量杆；2—指针；3，4—弹簧

用内径百分表测量内径是一种比较量法，测量前应根据被测孔径的大小，在专用的环规或千分尺上调整好尺寸后才能使用（如图2-17所示）。调整内径百分表的尺寸时，选用可换测头的长度及其伸出的距离（大尺寸内径百分表的可换测头由螺纹连接，故可调整伸出的距离，小尺寸内径百分表则无法调整），应使被测尺寸位于活动测头总移动量的中间位置。

图2-16　内径百分表外观

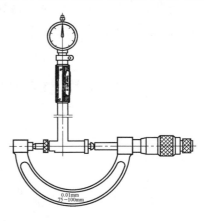

图2-17　用外径千分尺调整尺寸

内径百分表的示值误差比较大，如测量范围为35~50mm的内径百分表，其示值误差为±0.015mm。为此，使用时应经常在专用环规或千分尺上校对其尺寸（习惯上称为校对零位）。

内径百分表的分度盘上每一格为0.01mm，盘上刻有100格，即指针每转一圈为 1mm。

内径百分表用来测量圆柱孔，它附带成套的可调测头，使用前必须先进行组合和校对零位。组合时，将百分表装入连杆内，使小指针指在0~1的位置上，长针和连杆轴线重合，刻度盘上的字应垂直向下，以便于测量时进行观察，装好后应予紧固。粗加工时，最好先用游标卡尺或内卡钳测量。因为内径百分表同其他精密量具一样属于贵重仪器，其好坏与精确直接影响工件的加工精度和使用寿命。粗加工时，工件加工表面粗糙导致测量不准确，也易造成测头的磨损。因此，应加以爱护和保养，精加工时再进行测量。

测量前应根据被测孔径大小用外径千分尺调整好尺寸后再使用。在调整尺寸时，正确选用可换测头的长度及其伸出距离，应使被测尺寸位于活动测头总移动量的中间位置。

测量时，连杆中心线应与工件中心线平行，不得歪斜，同时应在圆周上多测几个点，找出孔径的实际尺寸，看其是否在公差范围以内，如图2-18所示。

笔记✐

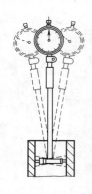
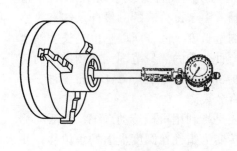

图2-18　内径百分表的使用方法

2.3.1.9　游标万能角尺的使用

　　游标万能角度尺（如图2-19所示）是用来测量精密零件内外角度或进行角度划线的角度量具。游标万能角度尺的读数机构由刻有基本角度刻线的尺座1和固定在扇形板6上的游标3组成。扇形板可在尺座上回转移动（有制动器5），形成了和游标卡尺相似的游标读数机构。游标万能角度尺尺座上的每一格刻度表示1°。由于游标上刻有30格，所占的总角度为29°，因此，每一格刻度线的度数差为

$$1° - \frac{29°}{30} = \frac{1°}{30} = 2'$$

　　即游标万能角度尺的测量精度为2′。

笔记

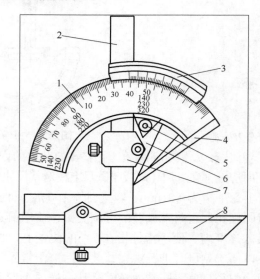

图2-19　游标万能角度尺

1—尺座；2—角尺；3—游标；4—基尺；5—制动器；6—扇形板；7—卡块；8—可移动尺

　　游标万能角度尺的读数方法和游标卡尺相同，先读出游标零线前的角度，再从游标上读出"分"的值，两者相加就是被测零件的角度值。

　　在游标万能角度上，基尺4固定在尺座1上，角尺2用卡块7固定在扇形板 6上，可移动尺8用卡块固定在角尺上。若把角尺2拆下，也可把可移动尺8固定在扇形板6上。由于角

尺2和可移动尺8可以移动、拆换，故游标万能角度尺可以测量0°～320°的任何角度。

由图2-20可知：同时使用角尺和可移动尺，可测量0°~50°的外角度；仅使用可移动尺，可测量50°~140°的角度；仅使用角尺时，可测量140°~230°的角度；将角尺和可移动尺同时拆下，可测量230°~320°的角度（即可测量40°~130°的内角度）。

游标万能角度尺的尺座上，基本角度的刻线只有0°~90°，如果测量的零件角度大于90°，则在读数时应加上一个基数（90°、180°、270°）。当被测零件角度为>90°~180°时，被测角度=90°+量角尺读数；当被测零件角度为>180°~270°时，被测角度=180°+量角尺读数；当被测零件角度为>270°~320°时，被测角度=270°+量角尺读数。

用游标万能角度尺测量零件角度时，应使基尺与零件角度的母线方向一致，且零件应与量角尺的两个测量面的全长上接触良好，以免产生测量误差。

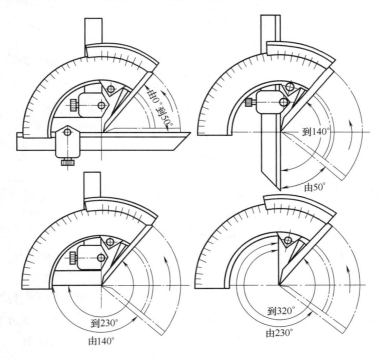

图2-20 万能角度尺0°～320°的角度测量方法

2.3.2 三坐标测量仪的使用

三坐标测量仪是将被测物体置于三坐标测量空间，可获得被测物体上各测点的坐标位置，根据这些点的空间坐标值，经计算求出被测物体的几何尺寸、形状和位置。数控型三坐标测量机主要由主机、控制系统、测头系统三部分组成。 三坐标测量机的主机按结构形式不同可分为移动桥式、固定桥式、龙门式等。移动桥式三坐标测量机结构简单，主要为中小经济型三坐标测量机，如图2-21（a）所示；固定桥式三坐标测量机结构复杂，主要为高精度型三坐标测量机，如图2-21（b）所示；龙门式三坐标测量机结构复杂，主要为大型三坐标测量机，如图2-21（c）所示。

笔记 ✏

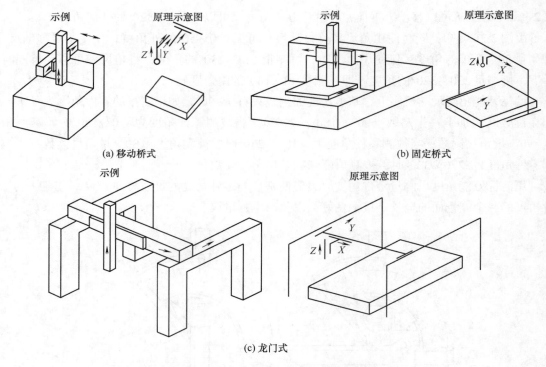

(a) 移动桥式   (b) 固定桥式

(c) 龙门式

图2-21　坐标测量机的主机结构形式

三坐标测量仪的控制系统包括通信系统、计算系统、驱动系统、手操器运动控制系统、极限系统、限位系统和急停回路系统。

三坐标测量仪的测头系统包括测头座、测头、测针以及加长杆。

三坐标测量仪的测量过程如下。

（1）测针校正的意义

在对工件进行实际检测之前，首先要对测量过程中用到的测针进行校准。因为 对于许多尺寸的测量，需要沿不同方向进行。系统记录的是测针中心的坐标，而不是接触点的坐标。为了获得接触点的坐标，必须对测针半径进行补偿，因此，必须首先对测针进行校准，一般使用校准球来校准测针。校准球是一个已知直径的标准球。校准测针的过程实际上是测量这个已知标准球直径的过程。该球的测量值等于校准球的直径加测针的直径，这样就可以确定测针的半径。系统用这个值对测量结果进行补偿。

（2）球形测针的自动校正

自动校正适用于测头座上仅有一根测针的情况，它可以连续校正所选的全部测针的位置，这是一种满足通常使用要求的高效校正方式。

（3）基本几何元素的测量

在AC-DMIS中基本几何元素有八种：点、直线、平面、圆、椭圆、圆柱、圆锥和球。在此以圆的测量为例介绍操作步骤。

① 打开所有急停开关，用操作杆移动机器至预测圆的第一点附近，然后低匀速使测头与工件表面接触采点，AC-DMIS将把已测点的数据暂时储存起来，继续测量其他点。若测点有误，则用操作杆上的"Del"键或软件界面中的删除按钮，删除该点，然后重新采点。

 笔记

为了提高测量精度，尽量将测点均匀分布。

② 采点时尽量使所有点在同一截面圆内。生成一个圆最少需要3个点，当所有点采集完毕后，单击工具条中D按钮，或选择菜单栏—数值计算—几何元素—圆，或按〈F3〉键，弹出如图2-22所示的对话框。

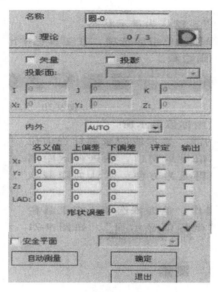

图2-22 "几何元素"对话框

③ 若需要通过指定矢量来确定点的测球补偿方向，则将指定"矢量"复选框选中，此时，可在矢量选择复选框中选择矢量元素，确定补偿方向，同时在I、J、K编辑框中自动将选中的矢量元素的矢量显示出来，单击"完成"按钮，软件将所有测点计算为圆，并直接显示在测量结果区和CAD界面上。

a. AC-DMIS并不需要操作者告诉它是内孔还是外圆，它可以从测触方向自动进行判断。

若是斜面圆，采点时则不能保证所测点在同一个圆截面内，这种情况下，可通过在"圆的输入偏差"对话框中选择圆平面矢量来对圆进行计算。

操作时先测量圆所在的工作面并生成平面，然后测量圆，在"圆的输入偏差"对话框中选择"圆平面矢量"，这时右边平面选择项的下拉菜单被激活，在列表中选择已测量的圆所在的平面，此时该平面的矢量值自动读入I、J、K编辑框中，单击"完成"按钮即可。 或者在I、J、K编辑框中直接输入圆所在平面的矢量值，单击"完成"按钮。

b. 当参与圆的计算的测点数大于3时， AC-DMIS软件将按最小二乘法计算出实际圆的最佳拟合圆作为测得圆。

c. 作圆时，如果单击图标栏D按钮，或单击菜单中的"圆"或按〈F3〉键，都是由软件识别内圆、外圆；若从菜单栏中单击"内圆/外圆"，软件则根据用户的选择进行相应的补偿计算。

d. 使用接触法测量时，根据测头补偿是否关闭，所测得的圆可能是测针球的中心坐标点的拟合圆或测针球与工件表面的实际接触点的拟合圆。

（4）几何公差的测量

形状公差是指实际形状对理想形状的变动量。这个变动量就是实际得到的误差值。它是

笔记

用来表示零件表面的一条线（直线或圆）或一个面（平面或圆柱面），加工后本身所产生的误差，是实际测得值。

图样上给出的几何形状叫作理想形状，它是根据机器的结构和性能要求确定的。零件加工后，实际所具有的形状叫作实际形状。由于加工过程中各种因素的影响，两者之间必然存在一定的误差，只要这个误差在给定的公差范围内，零件就为合格品。

形状公差的评价项目有直线度、平面度、圆度和圆柱度。

2.3.3 表面粗糙度仪的使用

① 表面粗糙度仪（如图2-23所示）又叫表面光洁度仪、粗糙度测量仪、粗糙度计等。粗糙度仪测量工件表面粗糙度时，将传感器放在工件被测表面上，由仪器内部的驱动机构带动传感器沿被测表面做等速滑行，传感器通过内置的锐利触针感受被测表面的粗糙度，此时工件被测表面的粗糙度引起触针产生位移，该位移使传感器电感线圈的电感量发生变化，从而在相敏整流器的输出端产生与被测表面粗糙度成比例的模拟信号，该信号经过放大及电平转换之后进入数据采集系统。

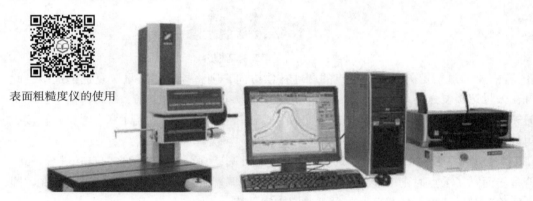

表面粗糙度仪的使用

图2-23 表面粗糙度仪

笔记

② 工作原理。

触针法：当触针直接在工件被测表面上轻轻划过时，由于被测表面轮廓峰谷起伏，触针将在垂直于被测轮廓表面方向上产生上下移动，把这种移动通过电子装置把信号加以放大，然后通过指零表或其他输出装置将有关粗糙度的数据或图形输出来。

采用针描法原理的表面粗糙度测量仪由传感器、驱动器、指零表、记录器和工作台等主要部件组成。电感传感器是轮廓仪的主要部件之一，其工作原理如图2-24所示，在传感器测杆的一端装有金刚石触针，触针尖端曲率半径 r 很小，测量时将触针搭在工件上，与被测表面垂直接触，利用驱动器以一定的速度拖动传感器。由于被测表面轮廓峰谷起伏，触针在被测表面滑行时，将产生上下移动。此运动经支点使磁芯同步地上下运动，从而使包围在磁芯外面的两个差动电感线圈的电感量发生变化。传感器的线圈与测量线路是直接接入平衡电桥的，线圈电感量的变化使电桥失去平衡，于是就输出一个和触针上下的位移量成正比的信号，经电子装置将这一微弱电量的变化放大、相敏检波后，获得能表示触针位移量大小和方向的信号。此后,将信号分成三路:一路加到指零表上,以表示触针的位置;一路输至直流功率放大器,放大后推动记录器进行记录;还有一路经滤波和平均表放大器放大之后,进入积分计算器,进行积分计算,即可由指示表直接读出表面粗糙度 Ra 值。

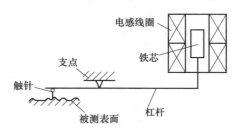

图2-24 针描法工作原理图

光切法:是利用"光切原理"来测量表面粗糙度。测量工件表面粗糙度时,将传感器放在工件被测表面上,由仪器内部的驱动机构带动传感器沿被测表面做等速滑行,传感器通过内置的锐利触针感受被测表面的粗糙度,此时工件被测表面的粗糙度引起触针产生位移,该位移使传感器电感线圈的电感量发生变化,从而在相敏整流器的输出端产生与被测表面粗糙度成比例的模拟信号,该信号经过放大及电平转换之后进入数据采集系统,DSP芯片将采集的数据进行数字滤波和参数计算,测量结果在液晶显示器上读出,也可在打印机上输出,还可以与PC机进行通信。

2.4 加工精度与表面质量

工件的加工质量包括加工精度和表面质量。加工精度越高,加工误差就越小。工件的加工精度包括尺寸精度和几何精度。表面质量是指工件经过切削加工后的表面粗糙度、表面层的残余应力和表面的冷加工硬化等。

2.4.1 加工精度

加工精度是指加工工件的几何参数与理想参数的符合程度。加工精度用加工公差来控制,包括尺寸公差和几何公差。

2.4.1.1 尺寸公差

尺寸公差是切削加工中工件尺寸允许的变动量。在公称尺寸相同的情况下,尺寸公差越小,尺寸精度越高。为了满足不同精度的要求,尺寸的标准公差分为20级,分别用IT01、IT0、IT1、IT2、……、IT18表示。IT表示标准公差等级,其中IT01为最高,IT18为最低。公差等级越高,公差数值越小,加工成本就越高。

2.4.1.2 几何公差

表2-3为国家标准规定的几何公差的几何特征和符号。

笔记

表2-3　国家标准规定的几何公差的几何特征和符号

公差		特征项目	符号	有或无基准要求	公差		特征项目	符号	有或无基准要求
形状	形状	直线度	——	无	位置	定向	平行度	//	有
		平面度	▱	无			垂直度	⊥	有
							倾斜度	∠	有
		圆度	○	无		定位	位置度	⌖	有或无
		圆柱度	⌭	无			同轴(同心)度	◎	有
							对称度	═	有
形状或位置	轮廓	线轮廓度	⌒	有或无	跳动		圆跳动	↗	有
		面轮廓度	◠	有或无			全跳动	⌰	有

2.4.1.3　几何公差的选择

选择几何公差等级的原则是在满足零件性能要求的前提下，尽可能选择低的公差等级。

2.4.2　表面质量

零件加工时，在零件的表面会形成加工痕迹。由于加工方法和加工条件的不同，痕迹的深浅粗细程度也不一样。零件加工表面上痕迹的粗细深浅程度称为表面粗糙度。表面粗糙度对机械零件的抗磨性、抗腐蚀性和配合性质有着密切的关系，它直接影响到机器装配后的可靠性和使用寿命。

2.4.2.1　表面粗糙度

笔记

国家标准GB/T 1031—2009中推荐优先选用算术平均偏差Ra作为表面粗糙度的评定参数。表2-4所示为表面粗糙度的Ra允许值及其对应的表面特征。

表2-4　不同表面特征的表面粗糙度Ra值

加工方法		Ra/μm	表面特征
粗车、粗镗、粗铣、粗刨、钻孔		50	明显可见刀痕
		25	可见刀痕
		12.5	微见刀痕
精铣精刨	半精车	6.3	可见加工痕迹
		3.2	微见加工痕迹
	精车	1.6	不见加工痕迹
粗磨、精车		0.8	可辨加工痕迹的方向
精磨		0.4	微辨加工痕迹的方向
刮削		0.2	不辨加工痕迹的方向
精密加工		0.1~0.008	按表面光泽判别

2.4.2.2 表面粗糙度的选择

选择表面粗糙度的注意事项：

① 在满足零件使用性能的前提下，应选大的表面粗糙度 Ra 值以降低成本。

② 防腐蚀性、密封性要求高的表面，相对运动表面，承受交变载荷的表面，表面粗糙度 Ra 值应小。

③ 同一零件上，配合表面的表面粗糙度 Ra 值应比非配合表面的值小。

④ 配合性质稳定、尺寸精度高的零件，表面粗糙度 Ra 值要小。

2.4.3 表面粗糙度与尺寸精度的关系

表面粗糙度与尺寸精度有一定的联系。一般说来，尺寸精度越高，表面粗糙度值越小。但是，表面粗糙度 Ra 值小的，尺寸精确程度不一定高，如手柄、手轮表面等，其表面粗糙度 Ra 值较小，尺寸精度却不高。

笔记 ✐

模块 **3**

车削加工

3.1 车削加工概述

3.1.1 车削加工的特点及范围

3.1.1.1 车削加工的特点

在车床上工件旋转，车刀在平面内做直线或曲线移动的切削称为车削。车削是以工件旋转为主运动、车刀纵向或横向移动为进给运动的一种切削加工方法。

3.1.1.2 车削加工范围

凡具有回转体表面的工件，都可以在车床上用车削的方法进行加工，此外，车床还可以绕制弹簧。卧式车床的加工范围如图 3-1 所示。

车端面	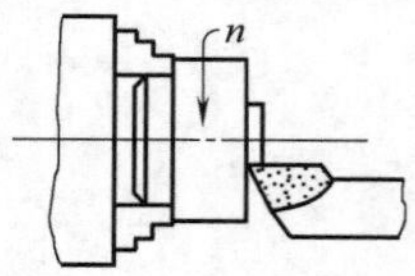	车锥体	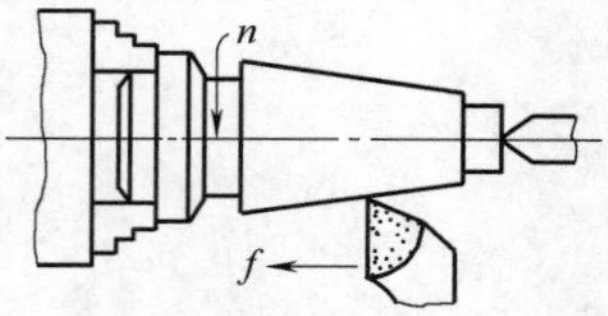
钻中心孔	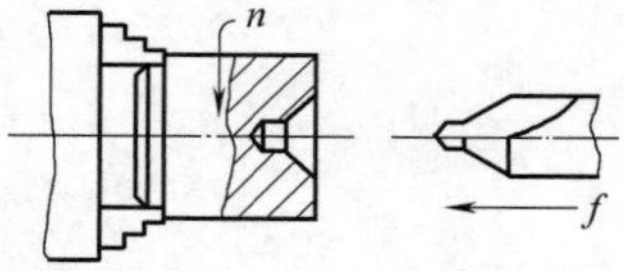	车特形面	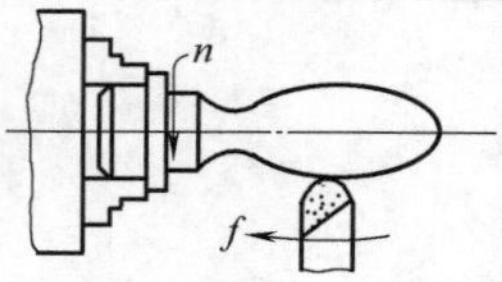
车外圆	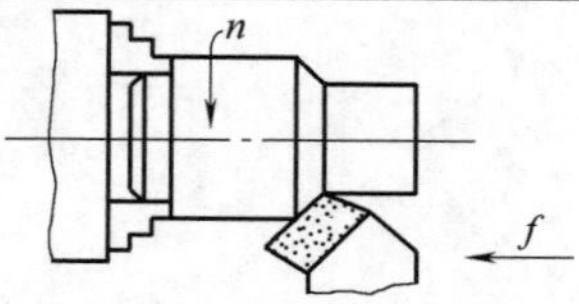	用成形刀车特形面	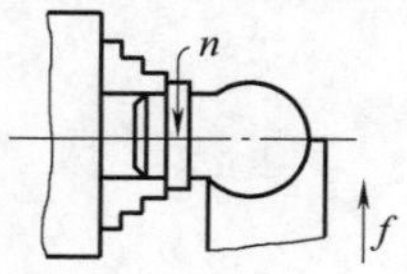
钻孔	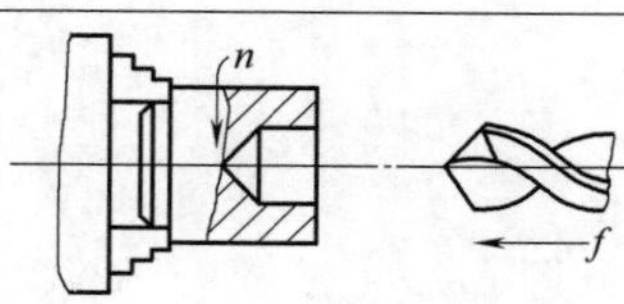	车螺纹	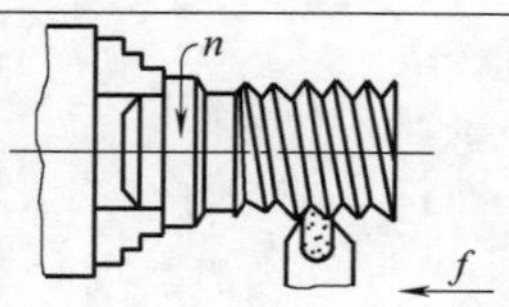

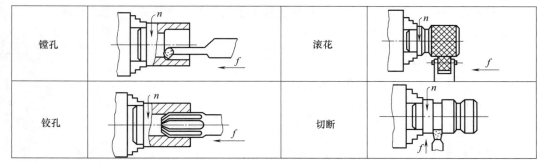

镗孔		滚花	
铰孔		切断	

图 3-1　卧式车床加工范围

车削加工工件的尺寸公差等级一般为 IT9~IT7 级，其表面糙度值 Ra3.2~1.6μm。

3.1.2　切削用量选择

在切削加工过程中的切削速度 v、进给量 f、背吃刀量 a_p 称为切削用量，俗称切削用量三要素（如图 3-2 所示）。车削时切削用量的合理选择对提高生产率和切削质量有着密切关系。

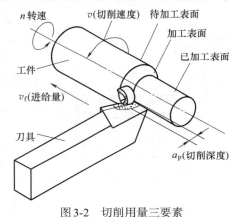

图 3-2　切削用量三要素

3.1.2.1　切削速度 v

切削速度是切削刃选定点相对于工件的主运动的瞬时速度，单位为 m/s 或 m/min，可用式（3-1）计算

$$v = \frac{\pi Dn}{1000}\,(\text{m/min}) = \frac{\pi Dn}{1000 \times 60}\,(\text{m/s}) \tag{3-1}$$

式中　D——工件待加工表面直径，mm；

　　　n——工件的转速，r/min。

3.1.2.2　进给量 f

进给量是刀具在进给运动方向上相对工件的位移量，用工件每转的位移量来表达和度量，单位为 mm/r。

3.1.2.3　背吃刀量 a_p

背吃刀量是在通过切削刃基点（中点）并垂直于工作平面的方向（平行于进给运动方

向）上测量的吃刀量，即工件待加工表面与已加工表面间的垂直距离，单位为mm。

背吃刀量可用式（3-2）表达

$$a_p = \frac{D - d}{2} \; (\text{mm}) \tag{3-2}$$

式中　D——工件待加工表面直径，mm；
　　　d——工件已加工表面直径，mm。

3.2　卧式车床

3.2.1　卧式车床的组成

卧式车床（如图3-3所示）由主轴箱、进给箱、溜板箱、光杠、丝杠、方刀架、尾座、床身及床腿等部分组成。

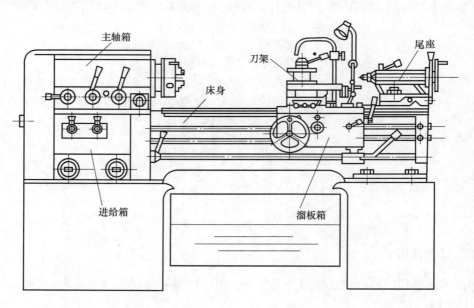

图3-3　卧式车床

3.2.1.1　主轴箱

箱内装有主轴和主轴变速机构。电动机的运动经普通V带传给主轴箱，再经过内部主轴变速机构将运动传给主轴，通过变换主轴箱外部手柄的位置来操纵变速机构，使主轴获得不同的转速，而主轴的旋转运动又通过挂轮机构传给进给箱。主轴为空心结构：前部外锥面用于安装卡盘和其他夹具来装夹工件，内锥面用于安装顶尖来装夹轴类工件，内孔可穿入长棒料。

3.2.1.2　进给箱

箱内装有进给运动的变速机构，通过调整外部手柄的位置，可获得所需的各种不同的进给量或螺距（单线螺纹为螺距，多线螺纹为导程）。

3.2.1.3 光杠和丝杠

将进给箱内的运动传给溜板箱。光杠传动用于回转体表面的机动进给车削；丝杠传动用于螺纹车削，其变换可通过进给箱外部的光杠和丝杠变换手柄来控制。

3.2.1.4 溜板箱

溜板箱是车床进给运动的操纵箱。箱内装有进给运动的变向机构，箱外部有纵、横向手动进给、机动进给及开合螺母等控制手柄。改变不同的手柄位置，可使刀架纵向或横向移动机动进给以车削回转体表面；或将丝杠传来的运动变换成车螺纹的走刀运动；或手动操作纵向、横向进给运动。

3.2.1.5 刀架和滑板

刀架和滑板用来夹持车刀使其作纵向、横向或斜向进给运动，由横滑板、转盘、小滑板和方刀架组成。

3.2.1.6 尾座

其底面与床身导轨面接触，可调整并固定在床身导轨面的任意位置上。在尾座套筒内装上顶尖可夹持轴类工件，装上钻头或铰刀可用于钻孔或铰孔。

3.2.1.7 床身

床身是车床的基础零件，用于连接各主要部件并保证其相对位置。

3.2.1.8 床腿

床腿支承床身并与地基连接。

3.2.2 卧式车床的传动

如图3-4所示是C6132卧式车床的传动路线示意图。

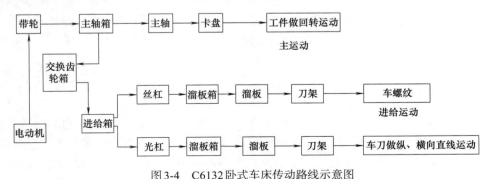

图3-4 C6132卧式车床传动路线示意图

3.3 车削刀具

3.3.1 车刀的种类和用途

车刀按用途分为外圆车刀、内圆车刀、切断或切槽刀、螺纹车刀及成形车刀等。内圆车刀按其能否加工通孔又分为通孔车刀或不通孔车刀。

车刀按其形状分为直头或弯头车刀、尖刀或圆弧车刀、左或右偏刀等。

车刀按其材料分为高速钢车刀或硬质合金车刀等。

车刀按被加工表面精度的高低可分为粗车刀和精车刀（如弹簧车刀）。

车刀按结构可分为整体式、焊接式和机械夹固式三类，其中机械夹固式车刀又按其能否刃磨分为重磨式和不重磨式（转位式）车刀。

3.3.2 车刀的组成

车刀由刀头和刀体两部分组成，如图3-5所示。刀头是车刀的切削部分，刀体是车刀的夹持部分。

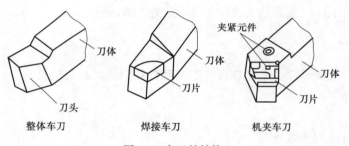

图3-5　车刀的结构

3.3.3 车刀的几何角度及其作用

为了确定车刀切削刃和其前后面在空间的位置，即确定车刀的几何角度，有必要建立三个互相垂直的坐标平面（辅助平面）如图3-6所示：基面、切削平面和正交平面。

车刀切削部分在辅助平面中的位置，形成车刀的几何角度（如图3-7所示）。车刀的主要角度有前角 γ_o、后角 α_o、主偏角 κ_r、副偏角 κ_r'。

3.3.3.1 前角 γ_o

前角是指前刀面与基面间的夹角，其角度可在正交平面中测量。增大前角会使前刀面倾斜程度增加，切屑易流经刀具前面，且变形小而省力；但前角也不能太大，否则会削弱刀刃强度，容易崩坏。一般前角 $\gamma_o=5°\sim20°$，前角的大小还取决于工件材料、刀具材料及粗、精加工等情况，如工件材料和刀具材料较硬，前角 γ_o 应取小值，而在精加工时，前角 γ_o 取大值。

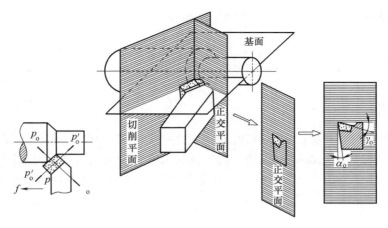

图 3-6 车刀的辅助平面

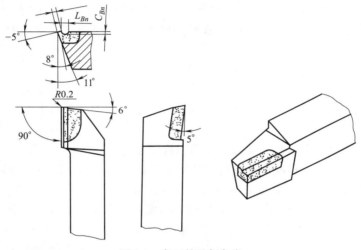

图 3-7 车刀的几何角度

3.3.3.2 后角 α_o

后角是指后刀面与切削平面间的夹角，其角度在正交平面中测量，其作用是减小车削时主后面与工件间的摩擦，降低切削时的振动，提高工件表面加工质量。一般后角为 3°~12°，切削较硬材料时后角取小值，精加工或切削较软材料时取大值。

3.3.3.3 主偏角 κ_r

主偏角是指主切削平面与假定工作平面（平行于进给运动方向的铅垂面）间的夹角，其角度在基面中测量。减小主偏角，可使刀尖强度增加，散热条件改善，提高刀具使用寿命，但同时也会使刀具对工件的背向力增大，使工件变形而影响加工质量，如不易车削的细长轴类工件等，所以通常主偏角 κ_r 取 45°、60°、75° 和 90° 等几种。

3.3.3.4 副偏角 κ_r'

副偏角是指副切削平面（过副切削刃的铅垂面）与假定工作平面（平行于进给运动方向的铅垂面）间的夹角，其角度在基面中测量，其作用是减少副切削刃与已加工表面间的摩

笔记 ✏️

擦，以提高工件表面加工质量，一般副偏角 κ'_r 取 5°~15°。

3.3.4　车刀的材料

3.3.4.1　高速钢

强度和韧性很好，刃磨后刃口锋利，能承受冲击和振动。但由于红硬温度不太高，故允许的切削速度一般为 25~30m/min，所以高速钢材料常用于制造精车车刀或用于制造整体式成形车刀以及钻头、铣刀、齿轮刀具等，其常用牌号有 W18Cr4V 和 W6Mo5Cr4V2 等。

3.3.4.2　硬质合金

由于硬质合金有高的红硬性，故允许的切削速度高达 200~300m/min，可以加大切削用量，进行高速强力切削，能显著提高生产率。但它的韧性较差，不耐冲击。可以制成各种形式的刀片，可将其焊接在 45 钢的刀杆上或采用机械夹固的方式夹持在刀杆上，以提高使用寿命。

常用的硬质合金代号有 YT30、YT15、YT5、YG6、YG8。

3.3.5　车刀安装

① 刀尖不能伸出刀架过长，一般为车刀刀杆厚度的 2 倍。

② 锁紧方刀架时，选择不同厚度的刀垫垫在刀杆下面，垫片数量一般只用 2~3 块。

③ 安装后的车刀刀尖必须与工件轴线等高［如图 3-8（b）所示］。如车刀刀尖高于工件的回转中心［如图 3-8（a）所示］，则会使车刀的实际后角减小，车刀后面与工件之间的摩擦增大；如车刀刀尖低于工件回转中心［如图 3-8（c）所示］，则会使车刀的实际前角减小，切削阻力增大。车刀刀尖没有对准工件的回转中心，在车削端面至中心时会在工件上留有凸头或造成刀尖崩碎。

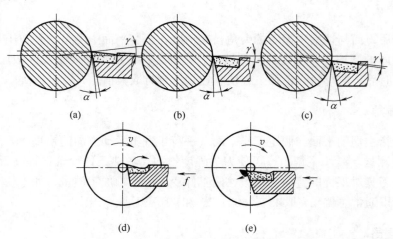

图 3-8　车刀刀尖与工件中心不等高出现的情况

④ 车刀刀杆中心线必须与工件轴线垂直。即与进给方向垂直或平行，这样才能发挥刀

具的切削性能。

⑤ 夹紧车刀的紧固螺栓一般拧紧两个且轮换逐个拧紧；拧紧后扳手要及时取下，以防发生安全事故。

3.4 工件的安装

在车床上装夹工件的基本要求是定位准确、夹紧可靠。定位准确就是工件在机床或夹具中必须有一个正确位置，即车削的回转体表面中心应与车床主轴中心重合。夹紧可靠就是工件夹紧后能承受切削力，不改变定位并保证安全，且夹紧力适度以防工件变形，保证加工工件质量。在车床上常用三爪自定心卡盘、四爪单动卡盘、顶尖、中心架、跟刀架、芯轴、花盘和弯板等附件来装夹工件，在成批大量生产中还可以用专用夹具来装夹工件。

三爪自定心卡盘的结构如图3-9（a）所示。当用卡盘扳手转动小锥齿轮时，大锥齿轮随之转动，在大锥齿轮背面平面螺纹的作用下，使三个爪同时向中心移动或退出，以夹紧或松开工件。该装夹方式能自动定心，装夹方便，是最常用的装夹方式。装夹直径较小的外圆表面情况如图3-9（b）所示，装夹直径较大的外圆表面时可用三个反爪进行，如图3-9（c）所示。

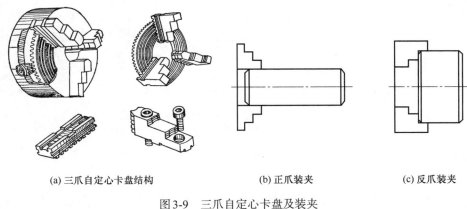

(a) 三爪自定心卡盘结构　　(b) 正爪装夹　　(c) 反爪装夹

图3-9　三爪自定心卡盘及装夹

3.5 车削的基本操作内容及要点

3.5.1 车端面、外圆和台阶

3.5.1.1 车端面

对工件端面进行车削的方法称为车端面。车端面采用端面车刀，当工件旋转时，移动床鞍（或小滑板）控制吃刀量，横滑板横向走刀便可进行车削（如图3-10所示）。

车端面时应注意：刀尖要对准工件中心，以免车出的端面留下小凸台。由于车削时被切部分直径不断变化，从而引起切削速度的变化，所以车大端面时要适当调整转速，使车刀在

笔记 ✎

靠近工件中心处的转速高些，靠近工件外圆处的转速低些。

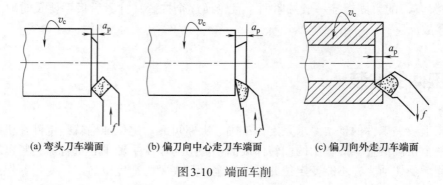

(a) 弯头刀车端面　　　(b) 偏刀向中心走刀车端面　　　(c) 偏刀向外走刀车端面

图3-10　端面车削

3.5.1.2　车外圆

将工件车削成圆柱形外表面的方法称为车外圆，车外圆的几种情况（如图3-11所示）。

外圆车削

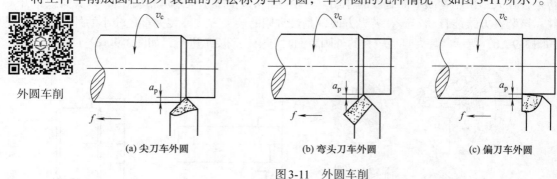

(a) 尖刀车外圆　　　(b) 弯头刀车外圆　　　(c) 偏刀车外圆

图3-11　外圆车削

车削方法一般采用粗车和精车两个步骤。

（1）粗车

目的是尽快地从工件上切去大部分加工余量，使工件接近最后的形状和尺寸。粗车时，要先选用较大的背吃刀量（切削深度），其次根据可能，适当加大进给量，最后选取合适的切削速度。粗车刀一般选用尖头刀或弯头刀。

（2）精车

目的是切去粗车留下的加工余量，以保证零件的尺寸公差和表面粗糙度。精车后工件尺寸公差等级可达IT7级，表面粗糙度值可达$Ra1.6\mu m$，对于尺寸公差等级和表面粗糙度要求更高的表面，精车后还需进行磨削加工。

在选择切削用量时，首先应选取合适的切削速度（高速或低速），再选取小的进给量，最后根据工件尺寸来确定背吃刀量。

3.5.1.3　车台阶

车削台阶处外圆和端面的方法称为车台阶。车台阶常用主偏角$\kappa_r \geqslant 90°$的偏刀车削，在车削外圆的同时车出台阶端面。台阶高度小于5mm时可用一次走刀切出，高度大于5mm的台阶可用分层法多次走刀后再横向切出，如图3-12所示。

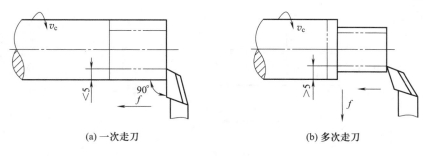

(a) 一次走刀　　　　　　　　　　　(b) 多次走刀

图 3-12　台阶车削

3.5.2　切槽和切断

3.5.2.1　切槽

在工件表面上车削沟槽的方法称为切槽。用车削加工的方法所加工出的槽的形状有外槽、内槽和端面槽等，如图3-13所示。

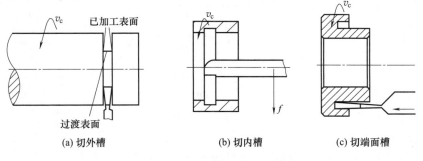

(a) 切外槽　　　　　　　　(b) 切内槽　　　　　　　(c) 切端面槽

图 3-13　槽的车削

轴上的外槽和孔的内槽均属退刀槽。退刀槽的作用是车削螺纹或进行磨削时便于退刀，否则该工件将无法加工，同时，在轴上或孔内装配其他零件时，也便于确定其轴向位置。端面槽的主要作用是为了减轻重量，其中有些槽还可以卡上弹簧或装上垫圈等，其作用要根据零件的结构和使用要求而定。

（1）切槽刀的角度及安装

轴上槽要用切槽刀进行车削，切槽刀的几何形状和角度如图3-14所示。安装时，刀尖要对准工件轴线；主切削刃平行于工件轴线；两侧副偏角一定要对称相等；两侧刃副后角也需对称，切不可一侧为负值，以防刮伤槽的端面或折断刀头。

（2）切槽的方法

① 切削宽度在5mm以下的窄槽时，可采用主切削刃的宽度等于槽宽的切槽刀，在一次横向进给中切出；

② 切削宽度在5mm以上的宽槽时，一般采用先分段横向粗车［如图3-15（a）、（b）所示］，在最后一次横向切削后，再进行纵向精车的加工方法［如图3-15（c）所示］。

笔记

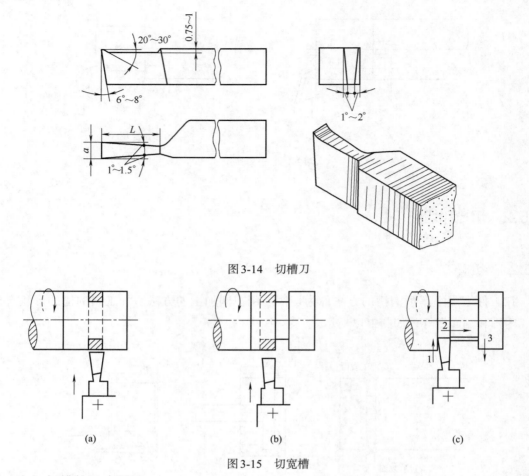

图 3-14　切槽刀

图 3-15　切宽槽

（3）切槽的尺寸测量

槽的宽度和深度采用钢直尺测量，也可用游标卡尺和千分尺测量。

3.5.2.2　切断

把坯料或工件分成两段或若干段的车削方法称为切断。主要用于圆棒料按尺寸要求下料，或把加工完的工件从坯料上切下来。

（1）切断刀

切断刀与切槽刀形状相似，不同点是刀头窄而长、容易折断，因此，用切断刀也可以切槽，但不能用切槽刀来切断。

切断时，刀头伸进工件内部，散热条件差，排屑困难，易引起振动，如不注意，刀头就会折断，因此，必须合理地选择切断刀。图 3-16 所示为高速钢切断刀的几何角度。

（2）切断方法

常用的切断方法有直进法和左右借刀法两种，如图 3-17 所示。直进法常用于切削铸铁等脆性材料，左右借刀法常用于切削钢等塑性材料。

3.5.2.3　操作注意事项

① 工件和车刀的装夹一定要牢固，刀架要锁紧以防松动。切断时，切断处距卡盘应近

些，但不能碰上卡盘，以免切断时因刚性不足而产生振动。

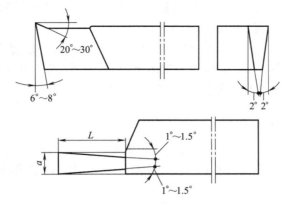

图 3-16 切断刀几何角度

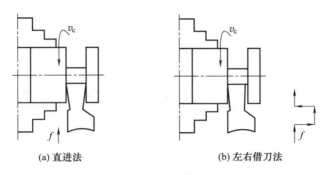

(a) 直进法　　　　　　　(b) 左右借刀法

图 3-17 常用的切断方法

② 切断刀必须有合理的几何角度和形状。一般切钢时，前角 $\gamma_o=20°\sim25°$，切铸铁时 $\gamma_o=5°\sim10°$；副偏角 $\kappa'_r=1°\sim30°$；后角 $\alpha_o=8°\sim12°$，副后角 $\alpha'_o=2°$；刀头宽度为 3~4mm；刃磨时要特别注意两副偏角及两副后角应各自对应相等。

③ 安装切断刀时刀尖一定要对准工件中心。如低于中心，车刀还没有切至中心就会被折断，如高于中心，车刀在接近中心时会被凸台顶住，不易切断工件。同时车刀伸出刀架不宜太长，车刀对称线要与工件轴线垂直，以保证两侧副偏角相等。底面要垫平，以保证两侧都有一定的副后角。

④ 合理地选择切削用量。切削速度不宜过高或过低，一般 $v=40\sim60$m/min（外圆处）。手动进给切断时，进给要均匀，机动进给切断时，进给量 $f=0.05\sim0.15$mm/r。

⑤ 切钢时需加切削液进行冷却润滑，切铸铁时不加切削液，但必要时应使用煤油进行冷却润滑。

3.5.3 车削圆锥

3.5.3.1 圆锥的种类及作用

圆锥按其用途分为一般用途圆锥和特殊用途圆锥两类。一般用途圆锥的圆锥角 α 较大时，圆锥角可直接用角度表示，如 30°、45°、60°、90° 等；圆锥角较小时用锥度 C 表示，如

1：5、1：10、1：20、1：50等。特殊用途圆锥是根据某种要求专门订制的，如7：24、莫氏锥度等。圆锥按其形状又分为内、外圆锥。将工件车削成圆锥表面的方法称为车圆锥面，这里主要介绍车削外圆锥面的方法。

圆锥面配合不但拆卸方便，还可以传递扭矩，经多次拆卸仍能保证准确的定心作用，所以应用很广。例如顶尖和中心孔的配合圆锥角 $\alpha=60°$，易拆卸零件的锥面锥度 $C=1：5$，工具尾柄锥面锥度 $C=1：20$，机床主轴锥孔锥度 $C=7：24$。

3.5.3.2 外圆锥面的车削方法

① 车刀的装夹：车刀的装夹方法及车刀刀尖对准工件回转中心的方法与车端面时装刀方法相同。车刀的刀尖必须严格对准工件的回转中心，否则车出的圆锥素线不是直线，而是双曲线。

② 转动小滑板的方法（如图3-18所示）：用扳手将小滑板下面转盘上的两个螺母松开，按工件上外圆锥面的倒、顺方向确定小滑板的转动方向；根据确定的转动角度（$\alpha/2$）和转动方向转动小滑板至所需位置，使小滑板基准零线与圆锥半角 $\alpha/2$ 刻线对齐，然后锁紧转盘上的螺母。

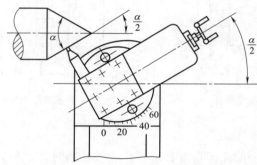

图3-18 转动小滑板法车锥体

a. 车削正外圆锥（又称顺锥）面，即圆锥大端靠近主轴、小端靠近尾座方向，小滑板应逆时针方向转动；

b. 车削反外圆锥（又称倒锥）面，小滑板则应顺时针方向转动。

当圆锥半角 $\alpha/2$ 不是整数值时，其小数部分用目测的方法估计，大致对准后再通过试车逐步找正。

注意： 转动小滑板时，可以使小滑板转角略大于圆锥半角 $\alpha/2$，但不能小于半角，转角偏小会使圆锥素线车长而难以修正圆锥长度尺寸。

③ 小滑板镶条的调整：车削外圆锥面前，应检查和调整小滑板导轨与镶条间的配合间隙。配合间隙调得过紧，手动进给费力，小滑板移动不均匀；配合间隙调得过松，则小滑板间隙太大，车削时刀纹时深时浅。配合间隙调整应合适，过紧或过松都会使车出的锥面表面粗糙度值增大，且圆锥的素线不直。

④ 粗、精车外圆锥面

a. 按圆锥大端直径（增加1mm余量）和圆锥长度将圆锥部分先车成圆柱体。

b. 移动中、小滑板，使车刀刀尖与轴端外圆面轻轻接触。然后将小滑板向后退出，中滑板刻度调至零位，作为粗车外圆锥面的起始位置。

c. 按刻度移动中滑板，向前进给并调整吃刀量，开动车床，双手交替转动小滑板手柄，手动进给速度应保持均匀一致和不间断。当车至终端，将中滑板退出，小滑板快速后退复位。

　　d.反复步骤3，调整吃刀量、手动进给车削外圆锥面，直至工件能塞入套规约1/2为止。

　　⑤ 外圆锥面的检测

　　a. 用套规检测圆锥锥角将套规轻轻套在工件上，用手捏住套规左、右两端分别上下摆动，如图3-19（a）所示，应均无间隙。若大端有间隙，如图3-19（b）所示，说明圆锥锥角太小；若小端有间隙，如图3-19（c）所示，说明圆锥锥角太大。这时可松开转盘螺母，按需用铜锤轻轻敲动小滑板使其微量转动，然后拧紧螺母。试车后再检测，直至找正为止。

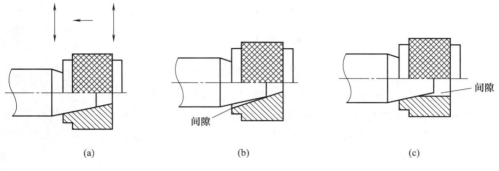

（a）　　　　　　　　（b）　　　　　　　　（c）

图3-19　套规检测圆锥

　　b. 用万能角度尺检测圆锥锥角（如图3-20所示）。将万能角度尺调整到要测的角度，基尺通过工件中心靠在端面上，刀口尺靠在圆锥面素线上，用透光法检测。

　　c. 用角度样板透光检测圆锥锥角（如图3-21所示）。角度样板属于专用量具，用于成批和大量生产。用角度样板检测快捷方便，但精度较低，且不能测得实际的角度值。

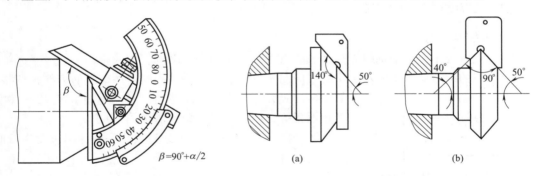

图3-20　万能角度尺检测圆锥　　　　　图3-21　样板检测圆锥

　　⑥ 找正小滑板转角后，粗车圆锥面，留精车余量0.5~1mm，精车外圆锥面。小滑板转角调整准确后，精车外圆锥面主要是提高工件的表面质量和控制外圆锥面的尺寸精度。因此精车外圆锥面时，车刀必须锋利、耐磨，进给必须均匀、连续。

3.5.4　车削三角螺纹

3.5.4.1　普通螺纹车刀几何角度

　　螺纹车刀按加工性质属于成形刀具，其切削部分的几何形状应当和螺纹牙型相符合，即车刀的刀尖角应等于螺纹牙型角 α，车刀的几何角度如图3-22所示。

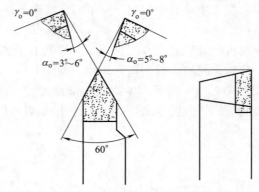

图3-22   螺纹车刀角度

① 刀尖角 ε_r，等于牙型角 α：车普通螺纹时，$\varepsilon_r=60°$；车英制螺纹时，$\varepsilon_r=55°$。

② 径向前角（即背前角）γ_p 一般为 0°~15°：螺纹车刀的径向前角对牙型角有很大影响。粗车时，为了切削顺利，径向前角可取得大一些，$\gamma_p=5°~15°$；精车时，为了减小对牙型角的影响，径向前角应取得小一些，$\gamma_p=0°~5°$。

③ 工作后角 α 一般取 3°~5°：

由于螺纹升角会使车刀沿进给方向一侧的工作后角变小，使另一侧的工作后角增大，为避免车刀后面与螺纹牙侧发生干涉，保证切削顺利进行，车刀沿进给方向一侧的后角磨成工作后角加上螺纹升角；为了保证车刀的强度，另一侧的后角则磨成工作后角减去螺纹升角。对于车削右旋螺纹，即 $\alpha_{OL}=(3°~5°)+\Psi$；$\alpha_{OR}=(3°~5°)-\Psi$。

3.5.4.2　普通螺纹车刀的安装

装夹外螺纹车刀：

① 刀尖应与车床主轴轴线等高，一般可根据尾座顶尖高度调整和检查；

② 车刀的两刀尖半角的对称中心线应与工件轴线垂直，装刀时可用螺纹对刀样板调整，如图3-23所示。如果把车刀装歪，会使车出的螺纹两牙型半角不相等，产生歪斜牙型（俗称倒牙）；

③ 螺纹车刀不宜伸出刀架过长，一般伸出长度为刀柄厚度的1.5倍，约为25~30mm。

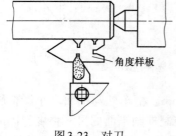

角度样板

图3-23   对刀

3.5.4.3　车床的调整

首先通过手柄把丝杠接通，再根据工件的螺距或导程，按进给箱标牌上所示的手柄位置，来变换齿轮的齿数及各进给变速手柄的位置。

车右螺纹时，变向手柄调整在车右螺纹的位置上；车左螺纹时，变向手柄调整在车左螺纹的位置上。目的是改变刀具的移动方向，刀具移向床头时为车右螺纹，移向床尾时为车左螺纹。

3.5.4.4　车螺纹的方法

螺纹中径是通过控制多次进刀的总背吃刀量来保证的。车螺纹时每次进给背吃刀量要小，而总切深量可根据计算的螺纹工作牙型高（工作牙高=0.54×螺距，单位为mm），由中滑板刻度盘控制，并借助于螺纹量规检测。

一般车三角螺纹有三种借刀方法，即直进法、斜进法和左右进刀法，如图3-24所示。

直进法　　　　　　　　　斜进法　　　　　　　　左右进刀法

图3-24　车螺纹借刀方法

（1）直进法

用中滑板进刀，两刀刃和刀尖同时切削。此法操作方便，车出的牙型清晰，牙型误差小，但车刀受力大，散热差，排屑难，刀尖易磨损。适用于加工螺距小于2mm的螺纹，以及高精度螺纹的精车。

（2）斜进法

将小刀架扳转一角度，使车刀沿平行于所车螺纹右侧方向进刀，使得车刀两刀刃中，基本上只有一个刀刃切削。此法切削受力小，散热和排屑条件较好，切削用量可大些，生产率较高。但不易车出清晰的牙型，牙型误差较大。一般适用于较大螺距螺纹的粗车。

（3）左右进刀法

左右进刀法的特点是使车刀只有一个刀刃参加切削，在每次切深进刀的同时，用小滑板按比例向左或向右移动一小段距离。这样重复切削数次，车至最后1～2刀时，仍采用直进法以保证牙型正确，牙根清晰。此法适用于加工螺距较大的螺纹。

3.5.4.5　普通外螺纹的测量

（1）单项测量

单项测量是选择合适的量具来测量螺纹的某一单项参数，一般为测量螺纹的大径、螺距和中径。

① 大径测量：螺纹的大径公差较大，一般可用游标卡尺测量。

② 螺距测量：常用钢直尺，如图3-25（a）所示，或螺纹样板如图3-25（b）所示测量。

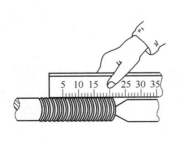
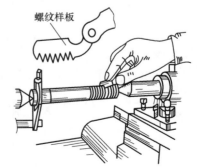

(a) 用钢直尺测量螺距　　　　　　　(b) 用螺纹样板测量螺距

图3-25　螺距测量

笔记 ✐

　　用钢直尺测量时，为了能准确测量出螺距，一般应测量几个螺距的总长度，然后取其平均值。用螺纹样板测量时，螺纹样板应沿工件轴平面方向嵌入牙槽中，如果与螺纹牙槽完全吻合，说明被测量螺距是正确的。

　　③ 中径测量：普通外螺纹的中径一般用螺纹千分尺测量（如图3-26所示）。螺纹千分尺有两个可以调整的测量头（上、下测量头）。测量时，两个与螺纹牙型角相同的测量头正好卡在螺纹的牙型面上，测得的千分尺读数值即为螺纹中径的实际尺寸。

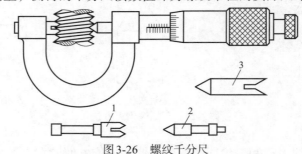

图3-26　螺纹千分尺

1—V形测量头；2—圆锥检测量头；3—校对样板

（2）综合测量

综合测量是采用螺纹量规对螺纹各部分主要尺寸（螺纹大径、中径、螺距等）同时进行

图3-27　螺纹环规

综合测量的一种检验方法。综合测量效率高，使用方便，能较好地保证互换性，广泛地应用于对标准螺纹或大批量生产螺纹的测量。

普通外螺纹使用螺纹环规（如图3-27所示）进行综合测量。测量前，应先检查螺纹的大径、牙型、螺距和表面粗糙度，然后用螺纹环规测量。如果螺纹环规通规能顺利拧入工件螺纹（有效长度范围），而止规不能拧入，则说明螺纹精度符合要求。螺纹环规是精密量具，不允许强拧环规，以免引起严重磨损，降低环规测量精度。

对于精度要求不高的螺纹，可以用标准螺母来检测，以拧入时是否顺利和松紧的程度来确定是否合格。

笔记

3.5.5　滚花

　　工具和机器上的手柄捏手部分，需要滚花以增强摩擦力或增加零件表面美观。滚花是一种表面修饰加工，在车床上用滚花刀滚压而成。

（1）花纹的种类

花纹有直纹和网纹两种，如图3-28所示。每种花纹有粗纹、中纹和细纹之分，选用时参照表3-1。

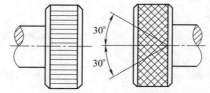

图3-28　滚花形式（直纹滚花和网纹滚花）

表3-1 直纹与网纹滚花及选用 单位：mm

模数 m	h	r	节距 P
0.2	0.132	0.06	0.628
0.3	0.198	0.09	0.942
0.4	0.264	0.12	1.257
0.5	0.326	0.16	1.571

（2）滚花刀

滚花刀由滚轮与刀体组成，滚轮的直径为20~25mm。滚花刀有单轮、双轮和六轮，如图3-29所示。单轮滚花刀用于滚直纹；双轮滚花刀有左旋和右旋滚轮各1个，用于滚网纹；六轮滚花刀是在同一把刀体上装有三组粗细不等的滚花刀，使用时根据需要选用。

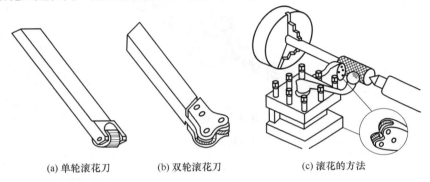

(a) 单轮滚花刀　　　　(b) 双轮滚花刀　　　　(c) 滚花的方法

图3-29 滚花刀及滚花方法

（3）滚花的方法与步骤

准备工作：

① 滚花刀的选择按图样要求的花纹形状和模数 m 选用滚花刀，滚花刀有单轮滚花刀、双轮滚花刀、多轮滚花刀。

② 工件装夹。用三爪自定心卡盘装夹工件。在不影响滚花加工的情况下，工件伸出长度尽可能短一些。

③ 滚花刀装夹。先将刀架锁紧，将滚轮轴线调至与工件轴线等高，并且平行，当花纹节距 P 较大时，可将滚轮外圆与工件外圆相交成一个很小的夹角。

④ 滚花切削速度选择一般选择低速，7~15m/min。

滚花的方法与步骤：

① 车滚花外圆。车滚花外圆至尺寸下限。

由于滚花后工件直径将大于滚花前的直径，其增大值为（0.25~0.5）P，所以滚花前需根据工件材料的性质把工件待滚花部分的直径车小（0.25~0.5）P。

② 滚花的操作方法。开动机床，将滚轮约1/2长度对准工件外圆。摇动中滑板横向进给，以较大的力使轮齿切入工件，挂上自动进给，加切削液，来回滚压1~2次，到花纹凸出为止。

③ 滚花完成后倒尖角、去除毛刺后卸下工件。

（4）质量分析及注意事项

① 滚花乱纹。工件外径周长不能被节距 P 除尽；改变外径尺寸，把工件外圆略微车小。

② 滚花花纹浅。滚花刀齿磨损或切屑堵塞，更换新滚刀或清洗滚刀。

笔记

③ 滚花开始时，使用较大压力或滚花刀装偏一个很小的角度。

④ 细长轴滚花时，要防止顶弯工件；薄壁工件要防止变形。

⑤ 滚花时不准用手或用棉纱等触摸工件。

3.6 车削实训案例（板牙架的加工）

板牙架如图3-30所示，由手柄和底座组成。

图3-30 板牙架

板牙架手柄练习图及评分标准如图3-31所示。

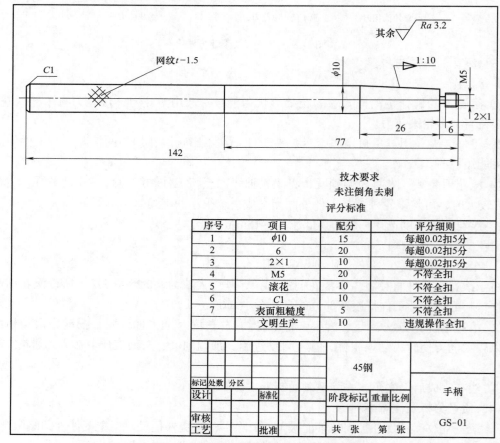

序号	项目	配分	评分细则
1	φ10	15	每超0.02扣5分
2	6	20	每超0.02扣5分
3	2×1	10	每超0.02扣5分
4	M5	20	不符全扣
5	滚花	10	不符全扣
6	C1	10	不符全扣
7	表面粗糙度	5	不符全扣
	文明生产	10	违规操作全扣

图3-31 板牙架手柄练习图及评分标准

板牙架手柄加工流程图如表3-2所示。

表3-2　手柄加工流程图

序号	操作内容	加工简图
1	备毛坯料ϕ12×145	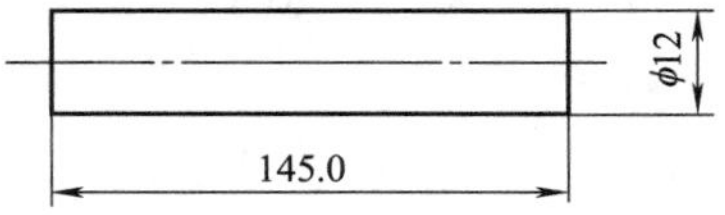 ϕ12　145.0
2	夹ϕ12外圆,车端面,打中心孔	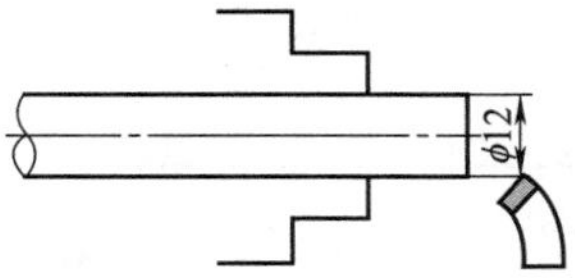 ϕ12
3	掉头夹ϕ12外圆,车端面,打中心孔,总长为142	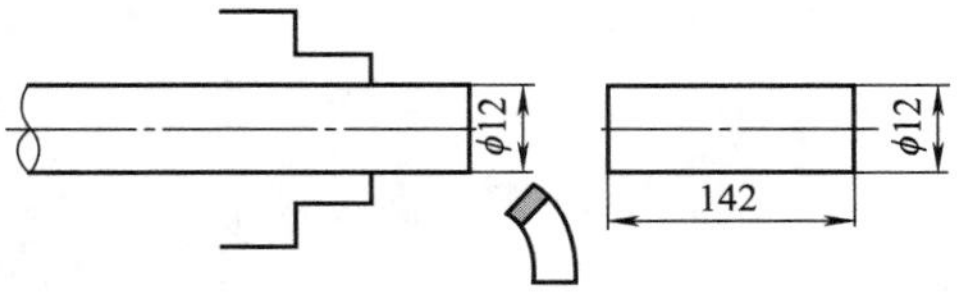 ϕ12　ϕ12　142
4	一夹一顶,粗车外圆至ϕ10.5	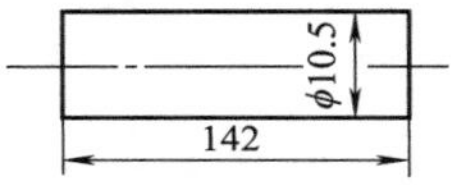 ϕ10.5　142
5	粗车螺纹外圆至ϕ6,长度为6	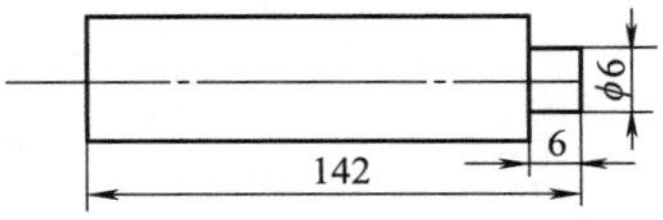 ϕ6　142　6
6	切槽2×1至图纸尺寸	142　2×1
7	粗、精测圆锥▷1:10长度为26	1:10　142　26
8	精车螺纹外圆至ϕ4.9	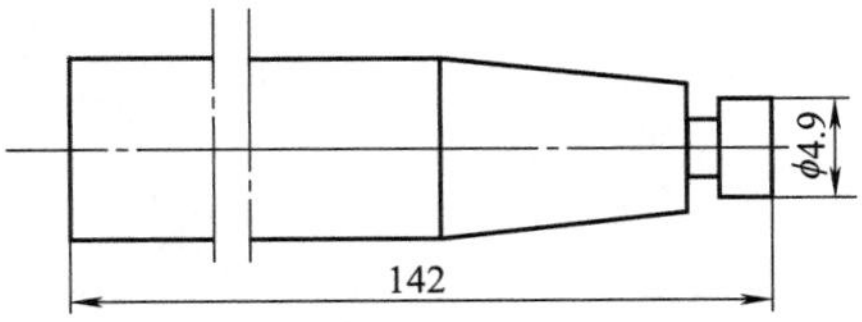 ϕ4.9　142
9	精车手柄外圆至ϕ10	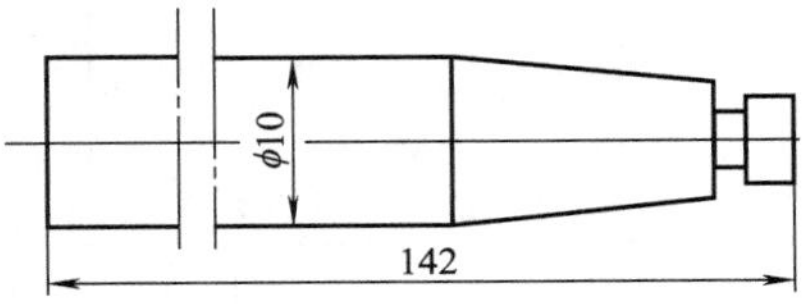 ϕ10　142

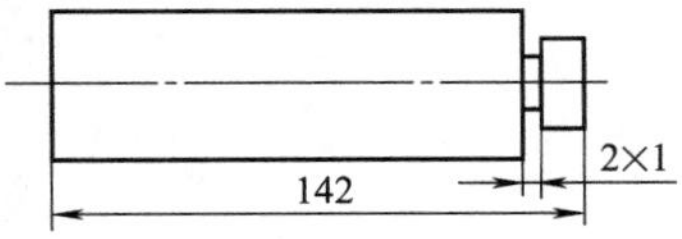

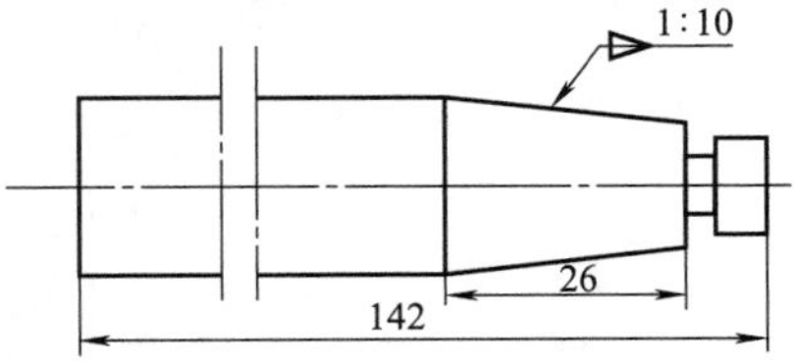

笔记✐

续表

序号	操作内容	加工简图
10	倒角,车螺纹M5	142
11	掉头,一夹一顶,倒角,滚花,对长度77	142 77

板牙架底座练习图及评分标准如图3-32所示。

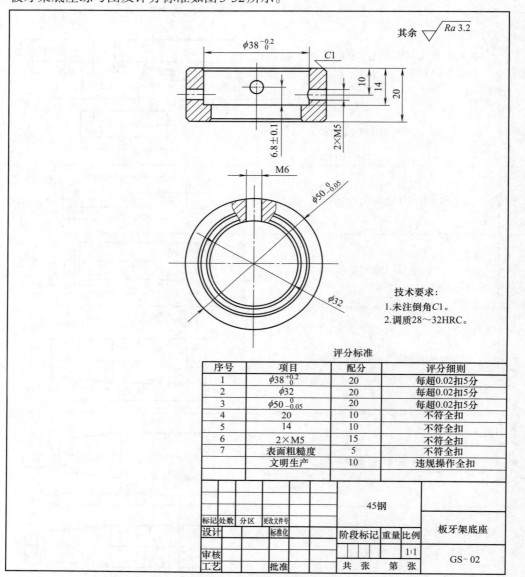

技术要求:
1.未注倒角C1。
2.调质28~32HRC。

评分标准

序号	项目	配分	评分细则
1	$\phi38^{+0.2}_{0}$	20	每超0.02扣5分
2	$\phi32$	20	每超0.02扣5分
3	$\phi50^{0}_{-0.05}$	20	每超0.02扣5分
4	20	10	不符全扣
5	14	10	不符全扣
6	2×M5	15	不符全扣
7	表面粗糙度	5	不符全扣
	文明生产	10	违规操作全扣

标记	处数	分区	更改文件号		45钢		板牙架底座
设计			标准化		阶段标记	重量	比例
审核							1:1
工艺			批准		共 张	第 张	GS-02

图3-32 板牙架底座练习图及评分标准

笔记

板牙架底座加工流程图如表3-3所示。

表3-3 板牙架底座加工流程图

序号	操作内容	加工简图
1	毛坯为$\phi55×25$,夹$\phi55$外圆,车端面,打中心孔	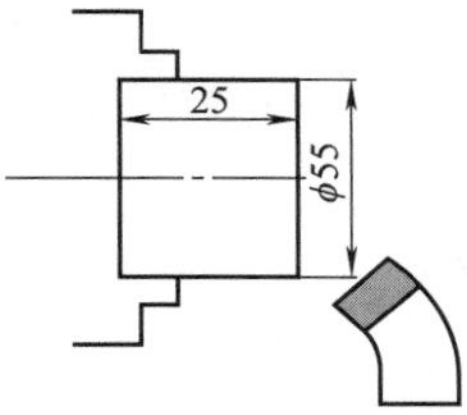
2	钻通孔$\phi16,\phi26$	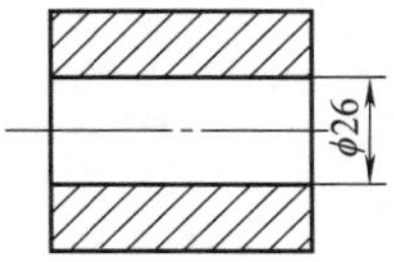
3	粗车工件外圆至$\phi51$	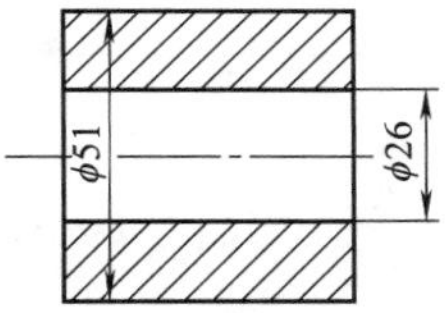
4	粗镗,精镗孔至尺寸$\phi32$	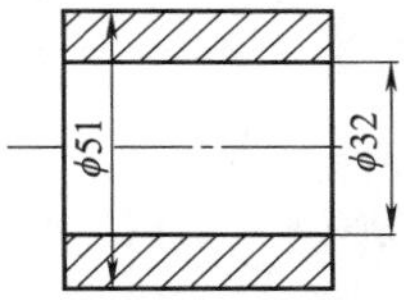
5	内孔倒角$C1$	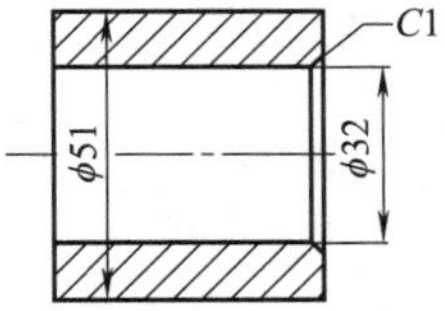
6	精车工件外圆至尺寸$\phi50_{-0.05}^{0}$	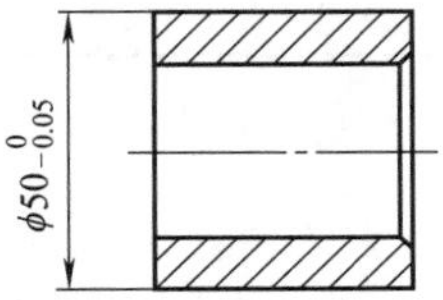
7	掉头夹$\phi50$外圆,车端面,对总长20,倒外圆角$C1$	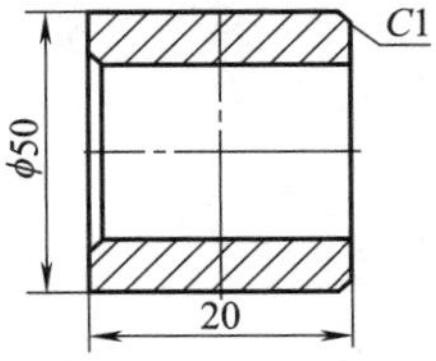
8	粗镗孔至尺寸$\phi37$,深14	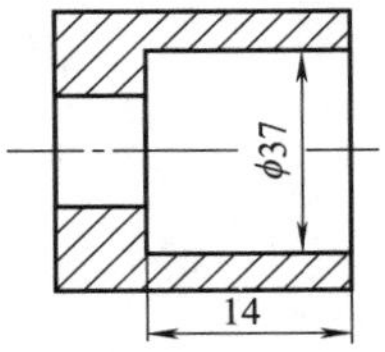

笔记 ✎

序号	操作内容	加工简图
9	精镗孔至尺寸$\phi 38^{+0.2}_{0}$,深14	
10	内孔倒角 $C1$	
11	钳作划线,找准2×M5,M6螺纹孔位置	
12	台钻装夹工件,钻2×M5,螺纹底孔至$\phi 4$	
13	钻M6螺纹底孔至$\phi 5$	

笔记

模块 **4**

铣削、刨削、磨削

4.1 铣削基本知识

4.1.1 常用铣床的基本结构

4.1.1.1 常用铣床类型

常用铣床根据其结构形式和使用特点不同，通常分为立式铣床和卧式铣床、龙门铣床，如图4-1所示。

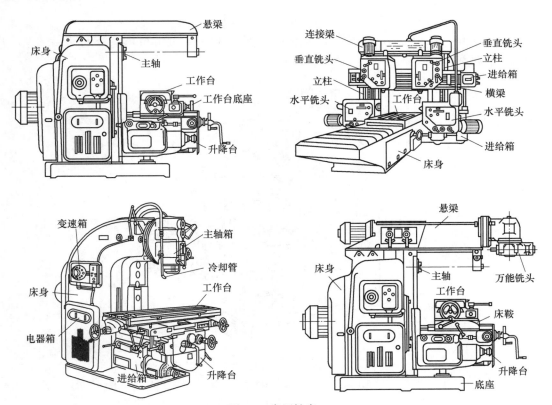

图4-1 常用铣床

（1）立式铣床

铣床主轴轴线与工作台台面垂直，可铣削平面、角度面、沟槽、曲线外形、凸轮等。

（2）卧式铣床

铣床主轴轴线与工作台台面平行，可铣削平面、沟槽、成形面和螺旋槽等。

（3）龙门铣床主要用来加工大型或较重型工件。

4.1.1.2 铣床的主要部件及作用

① 主轴：用来安装刀杆并带动铣刀旋转的。主轴是空心轴，前端有 7∶24 的精密锥孔，其作用是安装铣刀刀杆锥柄。

② 横梁：横梁的一端装有挂架，用以支承刀杆，以减少刀杆的弯曲与振动。横梁可沿床身的水平导轨移动，以调整其伸出的长度。

③ 纵向工作台：由纵向丝杠带动在转台的导轨上做纵向移动，以带动台面上的工件做纵向进给。

④ 横向工作台：横向工作台位于升降台上面的水平导轨上，可以带动纵向工作台一起做横向进给。

⑤ 升降台：带动整个工作台沿床身的垂直导轨上下移动，以调整工件与铣刀的距离和垂直进给。

⑥ 底座：底座用来支承床身和升降台，底座内有切削液。

⑦ 床身：床身用来固定和支承铣床各部件。

⑧ 变速箱：变换主轴的转速，分为 30~500r/min 共 18 种。

⑨ 进给箱：满足铣削进给所需变速范围，分为 23.5~1180mm/min 共 18 种进给速度。具体部位如图 4-2 所示。

笔记

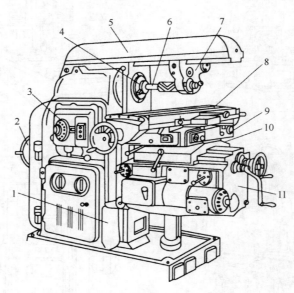

图4-2　X6132铣床

1—床身；2—主轴电动机；3—主轴变速机构；4—主轴；5—横梁；6—刀杆；

7—挂架；8—纵向工作台；9—转台；10—横向工作台；11—升降台

4.1.1.3 铣床的附件

（1）机用平口虎钳

机用平口钳主要用来安装尺寸较小，形状比较规则的工件，其结构如图4-3所示。

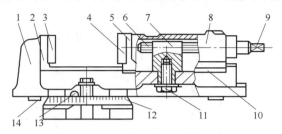

图4-3 机用平口钳外形和结构

1—虎钳体；2—固定钳口；3，4—钳口铁；5—活动钳口；6—丝杆；7—螺母；8—活动座；
9—方头；10—压板；11—紧固螺钉；12—回转底盘；13—钳座零线；14—定位键

（2）回转工作台

回转工作台又称圆转台，其外形结构如图4-4所示。回转工作台用T形螺栓固定在铣床工作台上，被铣削工件通过压板等固定在转台上，均匀缓慢地转动手轮，即可铣削圆弧曲线外形和沟槽。

（3）万能分度头

万能分度头外形如图4-5所示，可以用来进行分度加工，如铣多边形、齿轮、花键等。如与铣床纵向工作台进给运动配合，可铣削螺旋槽。

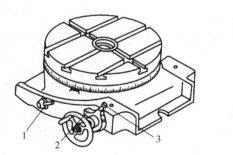

图4-4 回转工作台

1—手柄；2—内六角螺钉；3—偏心销

图4-5 万能分度头

4.1.2 铣削加工的基本知识

4.1.2.1 铣床的加工范围

铣削加工范围很广，铣削基本内容如图4-6所示。

4.1.2.2 铣削运动及铣削用量

（1）铣削运动

铣刀和工件之间的相对运动称为铣削运动，铣削运动可分为主运动和进给运动。

笔记✎

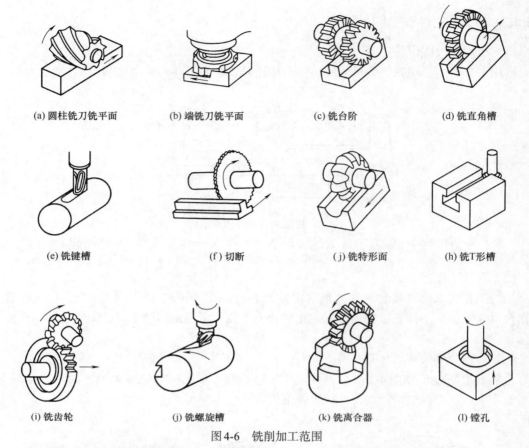

(a) 圆柱铣刀铣平面	(b) 端铣刀铣平面	(c) 铣台阶	(d) 铣直角槽
(e) 铣键槽	(f) 切断	(j) 铣特形面	(h) 铣T形槽
(i) 铣齿轮	(j) 铣螺旋槽	(k) 铣离合器	(l) 镗孔

图4-6　铣削加工范围

① 主运动。铣削刀具的旋转运动为主运动，主运动的速度一般较高，削耗的功率也较大。

② 进给运动。工作台做纵向、横向、垂直的运动为进给运动。

（2）铣削用量

 笔记

铣削过程中的铣削速度 v_c、吃刀量 α、进给速度 v_f 称为铣削用量。

① 铣削速度 v_c。铣刀最大直径处切削刃的线速度，单位为 m/min。实际操作中，先选取合适的铣削速度，再根据刀具直径，利用式（4-1），算出铣刀转速 n。

$$n = \frac{1000v_c}{\pi d} \tag{4-1}$$

式中　v_c——铣削速度，m/min；

　　　　d——铣刀直径，mm；

　　　　n——铣刀转速，r/min。

② 吃刀量 α。工件上已加工表面和待加工表面间的垂直距离。铣削中的吃刀量分为背吃刀量 α_p 和侧吃刀量 α_e，如图4-7所示。

a. 背吃刀量 α_p：指在通过切削刃基点并垂直于工作平面的方向上测量的吃刀量。

b. 侧吃刀量 α_e：指在平行于工作平面并垂直于切削刃基点的进给方向上测量的吃刀量。

③ 进给速度 v_f。单位时间内铣刀在进给方向上相对工件的位移量，单位是mm/min。进给速度也称每分钟进给量。因铣刀是多刃刀具，所以铣削进给量还分为每转进给量 f（mm/r）和每齿进给量 f_z（mm/z），三者之间的关系见式（4-2）。

$$v_f = nf = f_z nZ \tag{4-2}$$

式中　n——铣刀转速（r/min）；

　　　Z——铣刀齿数。

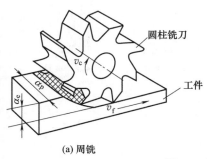

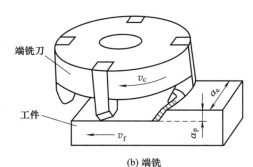

(a) 周铣　　　　　　　　　　　(b) 端铣

图4-7　铣削运动及铣削用量

4.1.2.3　常用铣刀及其用途（如图4-8所示）

① 圆柱铣刀：在卧式和万能铣床上铣平面。

② 三面刃铣刀：铣台阶和铣沟槽。

③ 锯片铣刀：铣窄槽和切断工件。

④ 齿轮铣刀：在卧式铣床上铣直齿、圆柱齿轮和在万能铣床上铣斜齿圆柱齿轮。

⑤ 单角度铣刀：在卧式铣床上铣角度槽。

⑥ 双角度铣刀：在卧式铣床上铣角度槽。

⑦ 凸圆弧铣刀：铣凹面弧槽。

⑧ 凹圆弧铣刀：铣凸面弧槽。

⑨ 镶齿端铣刀：在立式铣床上铣平面。

⑩ 立片铣刀：铣台阶和铣平底沟槽。

⑪ 键槽铣刀：铣键槽。

⑫ T形槽铣刀：铣T形槽。

⑬ 燕尾槽铣刀：铣燕尾槽。

笔记✐

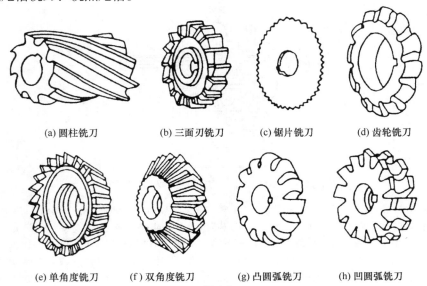

(a) 圆柱铣刀　　　(b) 三面刃铣刀　　　(c) 锯片铣刀　　　(d) 齿轮铣刀

(e) 单角度铣刀　　　(f) 双角度铣刀　　　(g) 凸圆弧铣刀　　　(h) 凹圆弧铣刀

图4-8

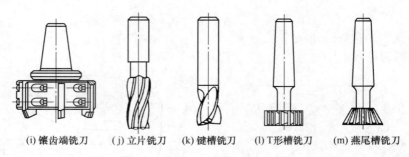

(i) 镶齿端铣刀　(j) 立片铣刀　(k) 键槽铣刀　(l) T形槽铣刀　(m) 燕尾槽铣刀

图4-8　常用铣刀

4.1.3　铣床的手柄及铣刀安装操作

以下操作是以X6132型卧式万能升降台铣床为例。X6132型卧式万能铣床操作位置如图4-9所示。

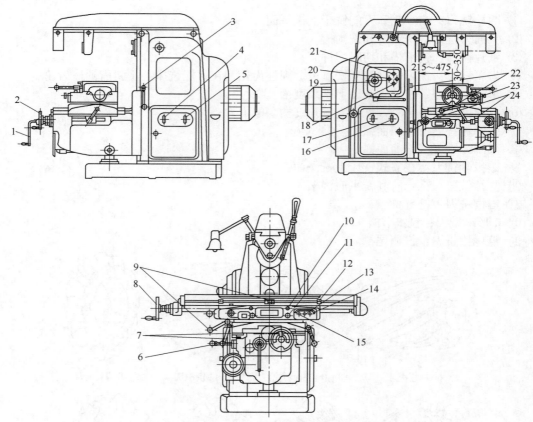

图4-9　X6132型卧式万能铣床操作位置图

1—工作台垂向手动进给手柄；2—工作台横向手动进给手柄；3—垂向工作台紧固手柄；4—切削液泵转换开关；5—圆工作台转换开关；6—工作台横向及垂向机动进给手柄；7—横向工作台紧固手柄；8—工作台纵向手动进给手柄；9—工作台纵向机动进给手柄；10—纵向工作台紧固螺钉；11—回转盘紧固螺钉；12—纵向机动进给停止挡铁；13，20—主轴及工作台起动按钮；14，19—主轴及工作台停止按钮；15，21—工作台快速移动按钮；16—主轴换向转换开关；17—电源开关；18—主轴上刀制动开关；22—垂向机动进给停止挡铁；23—手动油泵手柄；24—横向机动进给停止挡铁

4.1.3.1　主要手柄及按钮的操作

（1）电器部分按钮、开关的操作

① 电源转换开关：在床身的左侧下部17，先将转换开关顺时针方向转换至接通位置，逆时针方向转换到断开位置。

② 主轴换向转换开关：将主轴换向转换开关16，顺时针方向转换至右转位置，主轴向右旋转，逆时针转换至左转位置，主轴向左旋转，中间位置主轴停转。

③ 主轴起动、停止按钮：在横向工作台右边，用手指按起动按钮13或20（两只按钮是联动），主轴即起动。按停止按钮14或19（两只按钮是联动），主轴停止转动。

④ 装刀与换刀开关：当需要安装刀具时，接通装刀换刀开关18，防止主轴旋转，安装、换刀完毕，断开此开关。

⑤ 工作台快速走刀按钮：快速移动按钮15、21，在横向工作台右上方左边及床身左侧起动、停止上方。要实现工作台的快速移动，先开动进给手柄，再按着此按钮，松开即停止。继续按原来的速度进给。

⑥ 冷却泵转换开关4，接通和断开冷却泵作用。

（2）主轴转速的变换

① 变换主轴速度前，必须使主轴旋转停止。右手握变速手柄3，将手柄向下压，再向左旋转。

② 转动转数盘将所需的转速数字转至对准指示箭头1。

③ 将变速手柄向下压向右旋转推回原来的位置。如图4-10所示。

（3）进给速度的变换

① 双手将蘑菇手柄1向外拉出。

② 转动手柄，将所需的进给速度对准指示箭头3。

③ 再双手将蘑菇手柄推回原来位置。如图4-11所示。

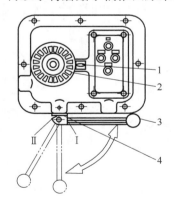

图4-10　主轴变速操作

1—指示箭头；2—转数盘；3—手柄；4—压块

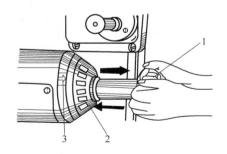

图4-11　进给变速操作

1—蘑菇形手柄；2—转数盘；3—指示箭头

笔记 ✎

（4）工作台手柄操作

① 纵向工作台手柄。右手握手柄并加力向里推，使手柄与纵向丝杆连接，手把持圆转盘旋转。顺时针旋转，工作台向右移动，反之向左移动。旋转时要做到连续均匀。

② 横向工作台手柄。两手握手柄的方法同上，顺时针旋转，工作台向前移动，反之向

后移动。

③ 垂直手柄较长，摇动前先将离合器连接好，双手握手柄，顺时针方向旋转，工作台向上移动，反之向下移动。

（5）工作台机动操作

① 纵向机动进给。工作台纵向机动手柄有左、中、右三个位置，手柄在左或右位置，表示纵向向左或向右机动进给，手柄在中间位置，机动进给停止，如图4-12所示。

② 横向、垂直机动进给。工作台横向、垂直机动进给由球铰式手柄操纵，有五个位置，手柄向上扳时，工作台垂直向上，反之向下；当手柄向前扳时，工作台横向向里进给，反之向外；手柄在中间位置，进给停止，如图4-13所示。

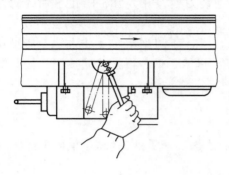 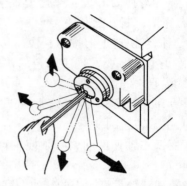

图4-12　工作台纵向机动进给　　　　图4-13　工作台横向、垂向机动进给

4.1.3.2　铣刀及铣刀杆的装拆

（1）带孔铣刀的安装

① 安装铣刀杆。铣刀杆的结构如图4-14所示，刀杆柄部是一外锥体，锥度为7∶24，与铣床主轴的锥度配合定心。凸缘上的键槽与主轴上的端面键相嵌配合，常用刀杆的直径有φ22、φ27、φ32、φ40。

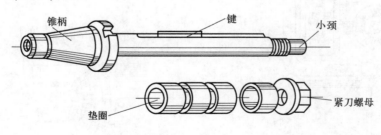

图4-14　铣刀杆

a. 选用铣刀杆。根据铣刀的孔径选用铣刀杆和拉杆，并将铣床主轴置于换刀位置。

b. 擦净主轴锥孔和刀杆锥柄，将刀杆装入主轴孔。注意使凸缘上的键槽与主轴上的端面键相配合。

c. 右手托住刀杆，左手旋入拉紧螺杆。注意拉杆螺纹旋入铣刀杆锥柄部内螺纹的深度应不小于螺纹的大径。

d. 扳紧拉杆上的螺母，使其固紧在床身上。操作如图4-15所示。

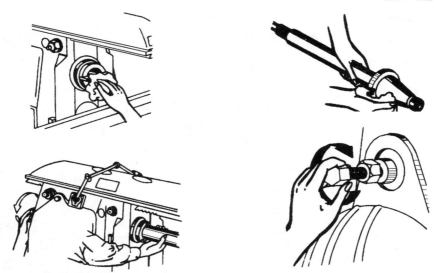

图4-15　安装铣刀杆

② 安装铣刀

a. 擦干净铣刀和轴套的两端面。

b. 按次序安装垫圈—铣刀—垫圈—刀杆锁紧螺母。使铣刀的位置尽量靠近主轴处。

③ 调整横梁

a. 松开横梁左侧的紧固螺钉。

b. 转动中间的手柄，调整横梁升出长度使之与刀杆相适应。

c. 紧固横梁左侧的两个螺母。

④ 安装挂架及紧固刀杆螺母

a. 松开挂架紧固螺母和轴承间隙调节螺母，将挂架装入横梁，并使轴承套入刀杆支持轴颈，且与刀杆螺纹有一定的间距。

b. 紧固挂架，调节支承轴承间隙。

c. 用扳手旋紧刀杆锁紧螺母，如图4-16所示。

图4-16　安装挂架

（2）带柄铣刀的安装

① 直柄铣刀的安装。铣刀的直柄插入弹簧套的光滑圆孔中，用螺母压紧弹簧套的端面，弹簧套的外锥挤紧在夹头体的锥孔中而将铣刀夹住，如图4-17所示。

② 锥柄铣刀的安装

a. 锥柄铣刀的锥度如与主轴孔内锥相同，则可直接装入铣床主轴孔中，再用拉杆将铣

笔记 🖉

刀拉紧，如图4-18（a）所示。

b. 锥柄铣刀的锥度与主轴孔内锥不同，则需用过渡套筒将铣刀装入主轴锥孔中，再用拉杆将铣刀拉紧，如图4-18（b）所示。

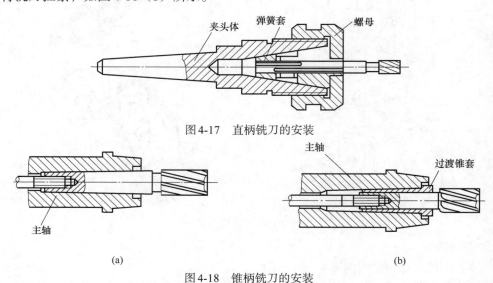

图4-17　直柄铣刀的安装

(a)　　　　　　　　　　　　　　　(b)

图4-18　锥柄铣刀的安装

4.2　铣削的基本操作内容及要点

铣削平面

4.2.1　铣平面

4.2.1.1　练习图及评分标准（如图4-19所示）

✎笔记

4.2.1.2　加工准备

铣平面有三种方法，可用圆柱铣刀周铣，用端铣刀卧铣，端铣刀立铣。本次训练采用端铣刀在立式铣床上铣平面。

（1）读图

看清图纸尺寸及技术要求，加工平面的尺寸为80mm×65mm，平面度公差为0.05mm，粗糙度Ra3.2μm，工件材料为HT200。

（2）检查毛坯尺寸

毛坯尺寸为85mm×70mm×40mm矩形体，外形尺寸不大，选择机用平口钳装夹。

（3）选择铣床及刀具

选用XA5032W型立式铣床，刀具为外径80mm，齿数为4，硬质合金端铣刀。刀具的安装同前面介绍方法。

（4）安装机用平口虎钳

① 擦净平口虎钳底部和纵向工作台台面，清理时确保安装面不会受到损伤。

② 将平口虎钳安放在工作台上，使定位键与T形槽合上，注意使定位键向同一侧贴紧。

③ 用T形螺栓将平口虎钳稍稍压紧。

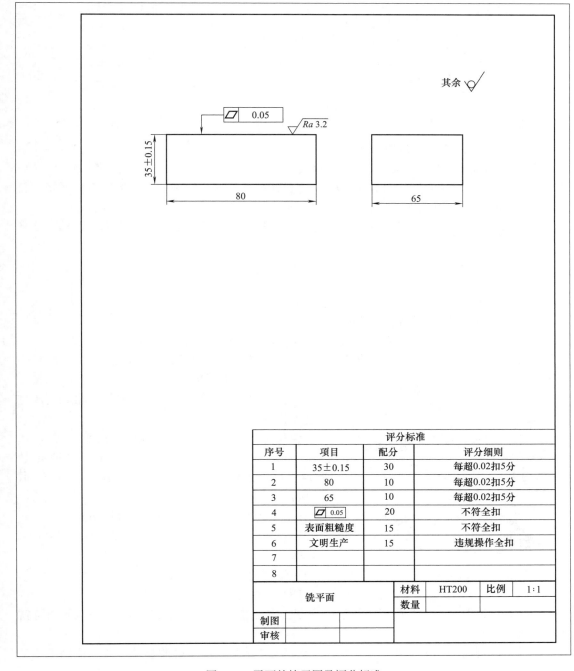

图4-19 平面的练习图及评分标准

（5）调整机用平口虎钳

① 将磁性表座吸在横梁导轨面上，百分表安装在表座接杆上，使测杆轴线与测量面垂直，紧固表座上各螺母，见图4-20。

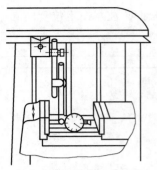

图4-20　百分表调整钳口与主轴轴心线垂直

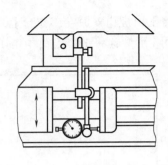

图4-21　百分表调整钳口与主轴轴心线平行

② 平口虎钳的固定钳口擦干净。

③ 使百分表测头与测量面接触后，指针转动约0.5mm，然后转动表盘使指针对准"0"位。

④ 手动均匀摇纵向工作台，调整时一边观察百分表指针的刻度，一边用木棒轻轻敲打平口虎钳，直到全长范围内百分表读数一致，固定钳口就与铣床主轴中心线垂直。

⑤ 将磁性表座吸在床身上垂直导轨上，移动横向进给校正定钳口与铣床主轴轴心线平行，见图4-21。

⑥ 用扳手拧紧T形螺栓，固定机用平口钳。

（6）安装工件

根据毛坯尺寸，选择机用平口钳安装工件。

① 擦净平口虎钳的钳口和导轨面。

② 在工件的下面放置平行垫铁，使工件待加工面高出钳口5mm左右，稍用力夹紧工件。

③ 用锤子轻轻敲击工件，并拉动垫铁检查工件是否贴紧垫铁，见图4-22。

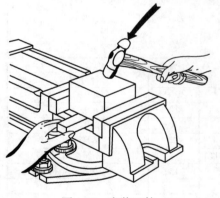

图4-22　安装工件

（7）选择铣削用量

根据工件材料（HT200）、铣刀的规格和机床型号选择铣削用量。

粗铣：铣削速度 $v_c=80$m/min，每齿进给量 $f_z=0.15$mm/z，背吃刀量 $\alpha_p=1.5\sim3$mm，主轴转数为 $n=1000v_c/\pi D=(1000\times80)/(3.14\times80)\approx318$r/min，取 $n=300$r/min

$$V_f=f_z\times z\times n=0.15\times4\times300=180\text{mm/min}$$

精铣：$v_c=100$m/min，背吃刀量 $\alpha_p=0.3\sim1.0$mm，$f_z=0.1$mm/z

主轴转速 $n=475$mm/min

（8）铣削方式

用分布在铣刀端面上切削刃进行铣削的方法称为端铣法。端铣又分为对称铣与不对称铣两种方式。

① 对称铣削：在切削部位，铣刀中心处于工件铣削宽度中心的端铣方式，适用于加工短而宽或厚的工件。

② 不对称铣削：在切削部位，铣刀中心偏向工件铣削宽度一边的端铣方式。

4.2.1.3　加工工件

① 对刀：启动机床，转动工作台手轮，使工件慢慢靠近铣刀，横向调整工作台，使工

件和铣刀处于对称铣削的位置。当铣刀与工件表面轻轻接触后记下工作台刻度，作为进刀起始点，再退出铣刀。

　　② 试切：调整铣削深度，根据加工余量，选择背吃刀量 $a_p=2mm$，手动进给试切2~3mm，然后退出测量，如尺寸符合，即可进行铣削，否则，重新调整铣削深度。

　　③ 铣削：手动进给铣削，纵向工作台手柄摇动时做到连续均匀。进给时应等铣刀全部脱离工件表面后方可停止进给，最后停机。

　　④ 检验工件余量，按余量再上升工作台进行铣削，手摇纵向工作台手轮精铣去切削余量。

4.2.1.4　平面的检测

　　① 平面尺寸：用游标卡尺检验35mm厚度尺寸。

　　② 平面度：用刀口形直尺检验平面的平面度。

　　③ 表面粗糙度采用目测样板类比检验。

4.2.2　铣矩形工件

4.2.2.1　练习图及评分标准（如图4-23所示）

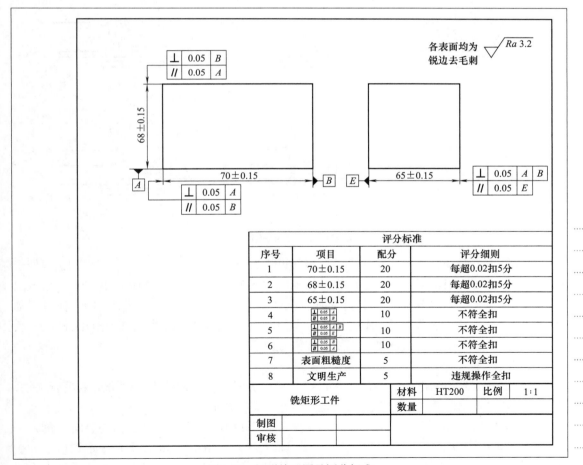

图4-23　矩形练习图及评分标准

4.2.2.2 加工准备

① 读图：看清工件的尺寸、形位公差等精度要求。工件以 A 面为基准，各相对面有平行度要求 0.05mm，各相邻面有垂直度要求 0.05mm，表面粗糙度要求均为 Ra3.2μm，工件的材料为灰铸铁 HT200，切削性能较好，可选用高速钢铣刀，也可选用硬质合金铣刀加工。

② 检查毛坯尺寸。毛坯尺寸为 75mm×72mm×70mm 矩形体，选择机用平口钳装夹。

③ 安装机用平口钳、装夹工件方法同上。

④ 安装铣刀。根据工件形状及尺寸要求，选用硬质合金端铣刀在立式铣床上铣削。安装铣刀方法同上

⑤ 切削用量选择同铣平面。

4.2.2.3 加工工件

（1）铣 A 面

以工件 B 面为粗基准，并靠向固定钳口，在虎钳的导轨面垫上平行垫铁，在活动钳口处放置圆棒后夹紧工件。如图 4-24 所示为铣削顺序。

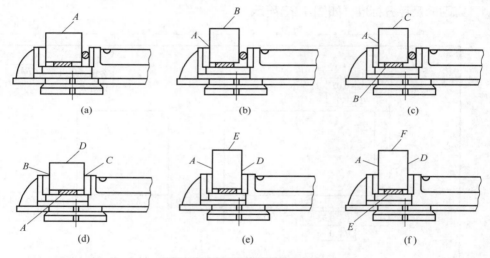

图 4-24 矩形工件铣削顺序

笔记

启动铣床，转动升降台手轮使工件缓缓靠近铣刀，横向调整工作台，使工件和铣刀处于对称铣削的位置。当铣刀与工件表面轻轻接触后记下工作台刻度，作为进刀起始点，再退出铣刀，以便进刀。调整铣削深度，升高垂直工作台 1~2mm，手动纵向进给铣削，注意摇动手柄做到连续、均匀，保证表面铣削质量，铣出 A 面，退刀时，应先让铣刀退出铣削表面，再退回工作台至起始位置，以防加工表面被铣刀拉毛。

（2）铣 B 面

工件以 A 面为精基准，并靠向固定钳口装夹，虎钳的导轨面垫上高度合适的平行垫铁，活动钳口处放置圆棒后夹紧工件。同上述同样方法铣出 B 面。

铣完 B 面后，卸下工件，用 90°角尺检验 B 面对 A 面的垂直度。若 A 面与 B 面夹角大于90°，则在固定钳口下方垫上合适的垫片，若 A 面与 B 面夹角小于 90°，则在固定钳口上方垫上合适的垫片，垫片厚度根据垂直度误差大小而定，再少量进刀进行铣削，直至垂直度达到

要求。如图4-25所示。

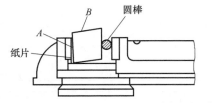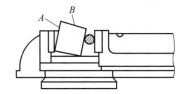

图4-25 调整垂直度

（3）铣C面

工件以A面为基准，贴靠在固定钳口上，在虎钳的导轨面放上平行垫铁，使B面紧靠平行垫铁，在活动钳口处放置圆棒后夹紧，用上述方法铣出C面，并保证图纸尺寸要求。

（4）铣D面

将工件B面与固定钳口贴紧，A面与导轨面上的平行垫铁贴合，夹紧工件，用上述方法铣出D面，保证图纸尺寸。

（5）铣E面

将工件A面与固定钳口贴合，轻轻夹紧工件，用角尺找正B面，夹紧工件。用上述方法铣出E面。

（6）铣F面

工件A面与固定钳口贴合，使E面与虎钳导轨面上的平行垫铁贴合，夹紧工件，用上述方法铣出F面，保证图纸尺寸。

（7）精铣

调整铣削用量，按粗铣的顺序精铣各平面，注意在保证尺寸的同时，达到平行度、垂直度要求。

4.2.2.4　工件检测

工件铣完后，要按工件的图纸要求进行检验，主要有以下三个方面的内容。

① 垂直度的检测：对于垂直度要求不高的工件，可用宽座角尺检测垂直度，对于垂直度要求较高的工件，要用百分表检测。

② 平行度和尺寸精度的检测：用游标卡尺或千分尺测量。对于要求不高的工件，其平行度检验可以通过测量工件的四个角及中部，观察各部分尺寸是否相同，若不同，其差值就是平行度误差。对于要求较高的工件，则要用百分表检验其平行度。

③ 表面粗糙度：一般用表面粗糙度样板来比较检验。

4.2.2.5　质量分析

① 垂直度超差：虎钳固定钳口与工作台台面不垂直；虎钳固定钳口与导轨面未擦净；工件装夹时基准面有毛刺及脏物。

② 平行度超差：立铣头主轴与工作台台面不垂直，横向进给时铣成斜面，纵向进给时，产生凹面，表面有明显的接刀痕。

③ 尺寸超差：测量不准确或测量读数有误差；计算错误或看错刻度盘；看错图纸尺寸。

④ 表面粗糙度：铣刀变钝或刀齿上有缺口损坏现象；进给不均匀；铣削中有振动或工件颤动。

4.2.3 铣直角沟槽

4.2.3.1 练习图及评分标准（如图4-26所示）

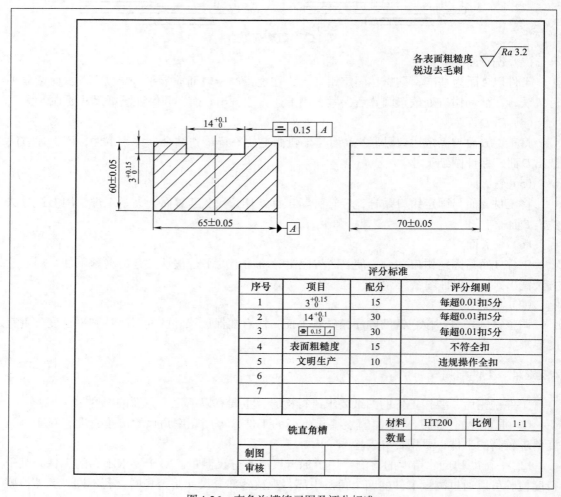

各表面粗糙度
锐边去毛刺 ▽Ra 3.2

评分标准			
序号	项目	配分	评分细则
1	$3_0^{+0.15}$	15	每超0.01扣5分
2	$14_0^{+0.1}$	30	每超0.01扣5分
3	⟦ 0.15 A ⟧	30	每超0.01扣5分
4	表面粗糙度	15	不符全扣
5	文明生产	10	违规操作全扣
6			
7			

铣直角槽		材料	HT200	比例	1:1
		数量			
制图					
审核					

图4-26 直角沟槽练习图及评分标准

笔记

4.2.3.2 加工准备

（1）读图了解沟槽的技术要求及尺寸要求。

直角槽的宽度尺寸为$14_0^{+0.1}$mm，深度为$3_0^{+0.15}$mm，全长贯通。直角槽对外形尺寸65mm的对称度公差为0.15mm。表面粗糙度为$Ra3.2$，材料为HT200，切削性能较好，选择高速钢铣刀。毛坯为65mm×70mm×60mm的矩形工件。

（2）选择铣床及工件装夹

选用X6225型卧式万能铣床，根据工件的外形尺寸，采用机用平口钳装夹，方法同上。

（3）选择刀具

根据直角槽的宽度和深度尺寸选择铣刀规格为外径80mm、宽度为10mm、孔径为

27mm的直齿三面刃铣刀。

（4）顺铣和逆铣

顺铣：切削部位铣刀的旋转方向与工件进给方向相同；

逆铣：切削部位铣刀的旋转方向与工件进给方向相反，如图4-27所示。

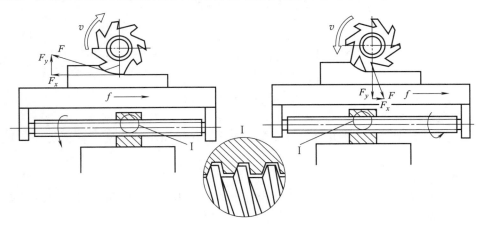

图4-27　顺铣与逆铣

特点：① 顺铣时工作台沿进给方向会产生间歇性的窜动，切削不平稳。逆铣不会产生窜动，切削平稳。

② 顺铣时，铣削力有一垂直分力，向下有压紧工件的作用，适宜加工薄而狭长的工件。 逆铣时，铣削力有一垂直分力向上，影响工件的夹紧。

③ 顺铣时，刀刃一开始就切入工件，切屑由厚而薄，刀刃磨损比逆铣小。而逆铣时，刀刃在加工表面上滑动一段距离才切入工件，切屑由薄而厚，刀刃容易磨损。

（5）铣削方式

根据顺铣、逆铣的特点及工件外形选择逆铣。

（6）划线

以工件侧面定位，高度游标卡尺的划线头调整高度为25.5mm，工件翻身在工件上平面划出对称外形的槽宽参照线。

（7）安装机用平口钳及工件

将机用平口钳安装在工作台上，并用百分表找正固定钳口，使之与纵向工作台进给方向平行，方法同上面。

将工件的基准面靠固定钳口，垫适当高度的平行垫铁，使工件高出钳口约5mm，边夹紧边用铜棒轻轻敲击工件，使之与平行垫铁贴紧。

切削用量选择

主轴转速：n=75r/min，每分钟进给量为：v_f =60mm/min

4.2.3.3　加工工件

（1）对刀

开动铣床，移动工作台，使铣刀处于铣削部位。目测铣刀两侧刃在槽宽线中间，垂直稍稍上升工作台，切出刀痕，记下升降台刻度线。停机后，下降工作台，观察切痕是否在槽宽中央，若有偏差再调整横向工作台，调整结束，锁紧横向工作台。如图4-28所示。

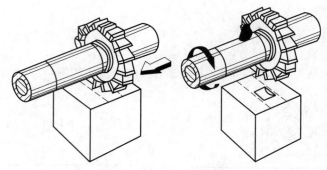

图4-28 直角槽铣削按划线对刀

（2）调整铣削深度

根据上面记下的刻度线，升降台升高2.5mm，留0.5mm精铣余量，手摇纵向工作台进行铣削，铣出中间槽。

（3）调整尺寸

用游标卡尺测量槽深，调整垂向工作台保证槽深。用千分尺测量沟槽两侧的宽度，看是否在允许的对称度内，如误差过大，调整横工作台以保证槽的对称度。

（4）精铣两侧

根据工作台调整位置，锁紧横向工作台，手摇纵向工作台铣出槽的一侧面。再测量槽宽实际尺寸，与图纸尺寸比较，调整横向工作台，注意消除丝杆与螺母间隙，然后锁紧，手摇纵向工作台铣出槽的另一侧。

（5）检验工件

直角槽的宽度用游标卡尺，深度用深度游标卡尺测量

4.2.3.4 质量分析

（1）直角槽宽度尺寸超差

三面刃铣刀端面圆跳动过大；测量尺寸有误差；铣刀磨损。

（2）表面粗糙度低

主轴转速过低或进给量过大；铣削速度过大，铣刀铣削时不平稳；刀具变钝，刃口磨损。

（3）形状、位置精度不合要求

铣削时，横向工作台未紧固；虎钳钳口没有校正好，造成槽侧面不平行；垫铁不平行，造成槽底与工件底面不平行。

4.2.4 铣封闭式键槽

4.2.4.1 练习图及评分标准（如图4-29所示）

4.2.4.2 加工准备

（1）读图了解工件的尺寸及技术要求。

键槽的宽度尺寸为$10^{+0.02}_{0}$，深度尺寸标注为槽底至工件外圆的尺寸 $37^{0}_{-0.25}$，槽的长度为$30^{+0.05}_{0}$，键槽距左端面的距离为$12^{0}_{+0.1}$，键槽对工件轴线的对称度公差为0.15mm，槽侧面粗糙

笔记

度值为 $Ra3.2\mu m$。

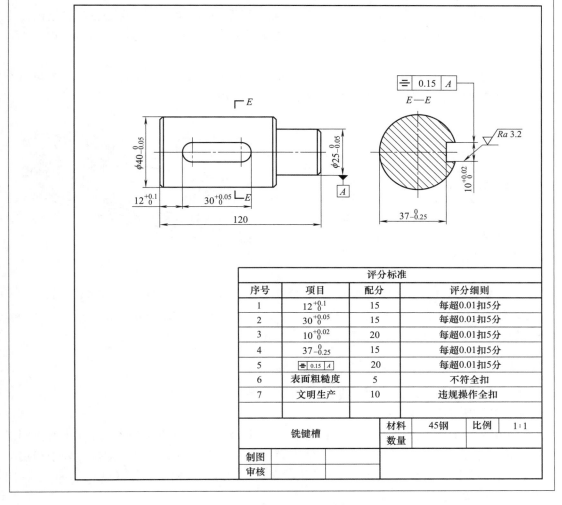

图4-29 键槽练习图及评分标准

评分标准			
序号	项目	配分	评分细则
1	$12^{+0.1}_{0}$	15	每超0.01扣5分
2	$30^{+0.05}_{0}$	15	每超0.01扣5分
3	$10^{+0.02}_{0}$	20	每超0.01扣5分
4	$37^{0}_{-0.25}$	15	每超0.01扣5分
5	▱ 0.15 A	20	每超0.01扣5分
6	表面粗糙度	5	不符全扣
7	文明生产	10	违规操作全扣

铣键槽	材料	45钢	比例	1∶1
	数量			

制图		
审核		

（2）选择机床

选用XA6132W型卧式万能铣床。

（3）选择并安装铣刀

选择直径为10mm的高速钢键槽铣刀加工。

① 划线。以工件左端面定位，将高度游标卡尺的划线头调整高度为12mm，在工件圆柱面上划出键槽的起始位置，再将高度游标卡尺的划线头调整高度为42mm，在工件圆柱面上划出键槽的有效长度作对刀时参照。

② 工件的装夹。a.平口虎钳装夹。先安装并调整好平口虎钳，使得固定钳口与纵向工作台进给方向平行，再安装工件。工件安装完毕，用划针盘校正工件与工作台面平行，确保铣出的键槽两侧和槽底面与工件轴心线平行。当

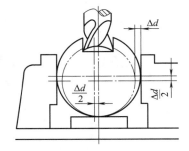

图4-30 平口钳装夹轴类零件

笔记

工件直径有变化时，此装夹方法会使工件轴心线在槽宽方向的位置会发生变化，影响槽的对称度，因而只适合轴件直径相等或单件加工。如图4-30所示。

b. V形块装夹。将轴类工件置于V形铁内，并用压板压紧。工件中心在V形槽的角平分线上，但会随直径的变化而上下变动，虽能保证键槽的对称度，但影响深度，如图4-31所示。

c. 用分度头和尾座装夹。用分度头上三爪卡盘和尾座顶尖装夹工件，工件轴线位置不会因外径变化而变化，能保证键槽的对称度和深度，如图4-32所示。

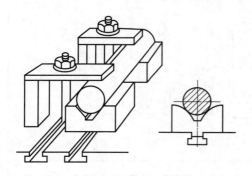
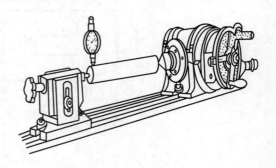

图4-31　用V形块装夹工件　　　　　　图4-32　用分度头与尾座装夹工件

③ 确定铣削用量。铣削速度 $v_c=20m/min$，主轴转速 $n=475r/min$，铣削深度 $t=2.5mm$，$f_z=0.025mm$。

4.2.4.3　对刀

对刀即使键槽铣刀的回转中心线通过工件轴心线。

（1）切痕对刀法（图4-33）

开动机床，摇动纵向、横向和升降手柄，使工件处于铣刀下方，升降台缓缓上升擦到工件表面后，往复移动横向工作台，使工件表面切出一正方形痕迹，目测使铣刀处于切痕中间，垂直升高升降台，使之切出浅痕，停机看浅痕与两边是否相切，若有偏差，再调整横向工作台，然后紧固横向工作台。

笔记

（2）侧面对刀法

先在工件侧面贴上一层薄纸，开动机床，然后移动各工作台，使键铣刀的刀刃刚擦着工件侧面的薄纸，记下横向工作台刻度，退出铣刀，横向移动工作台，移动量等于工件直径与铣刀直径宽度和的一半，如图4-34所示。

（3）环表对刀法

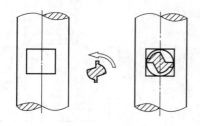
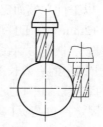

图4-33　切痕对刀　　　　　　　　　　图4-34　侧面对刀

将环表固定在铣床主轴上，让其测头与工件外圆最突出的素线相接触，再用手左右微量扳转主轴，记下环表的最小读数，然后工作台下移，使环表向上移，扳转主轴，使百分表转过180°，用同样的方法测得另一侧的最小读数，若两侧的读数值相等，则刀具对中，若不等，则调整横向工作台，调整量为差值的一半。直到两侧的读数差值在允许范围内，如图4-35（a）所示。工件若用机用平口钳或用V形块装夹时，可用图4-35（b）、（c）所示的方法找正。

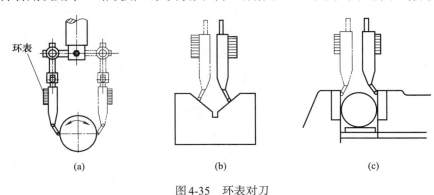

图4-35　环表对刀

4.2.4.4　铣削

（1）键槽深度铣削

根据图纸，键槽深度尺寸一次铣出。将工件调整到键槽起铣位置，锁紧纵向工作台。开动机床，升高升降台，使铣刀擦到工件表面，再缓缓上升至铣削深度。

（2）键槽长度铣削

松开纵向工作台紧固螺钉，手动进给（注意进给时手轮要做到连续、均匀），铣完全长。降下工作台，停机，在机床上对各尺寸进行一次测量，若小于图纸尺寸，可再进行修正。

4.2.4.5　检测

（1）尺寸的检测

键槽宽尺寸通常用键槽塞规检验或内径千分尺测量。键槽深、长度尺寸可用游标卡尺，注意测量深度尺寸时要在键槽的两端。

（2）对称度的检测

将工件装夹在测量V形架上，用高度尺和百分表将槽侧一面校平，使指针轻压表面，转动百分表盘，将指针调至零位，再将V形块翻转180°，测量槽的另一侧面，观察指针的刻度，如指针也对准零位，则对称度较好，如不对准，读数值即为对称度的偏差值。

4.3　铣削实训案例（压板的加工）

压板是将工件固定在工作台上应用的。因为在铣床上铣件时，需要把工件固定在工作台上，压板就是固定工件用的。

压板的练习图及评分标准如图4-36所示。

笔记

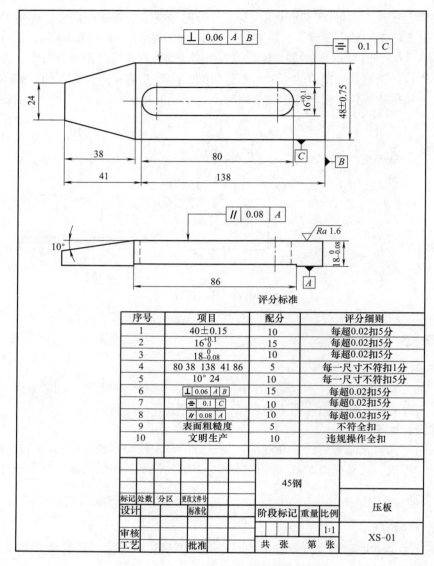

图 4-36 压板练习图及评分标准

压板加工流程图如表 4-1 所示。

表 4-1 压板加工流程图

序号	操作内容	加工简图
1	铣工件底面,铣光	
2	铣工件右端面,铣光。注意右端面与底面垂直	

续表

序号	操作内容	加工简图
3	以底面,右端面为基准,装夹工件铣前、后两端面,对宽度48±0.15	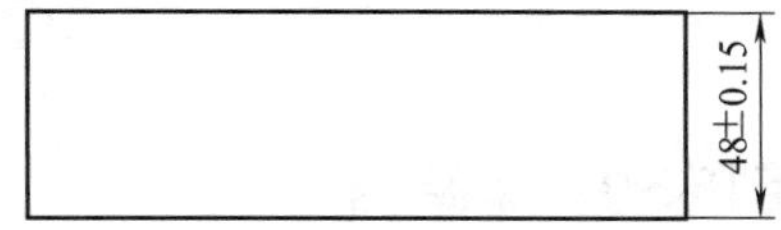 48±0.15
4	铣工件左端面,对总长140	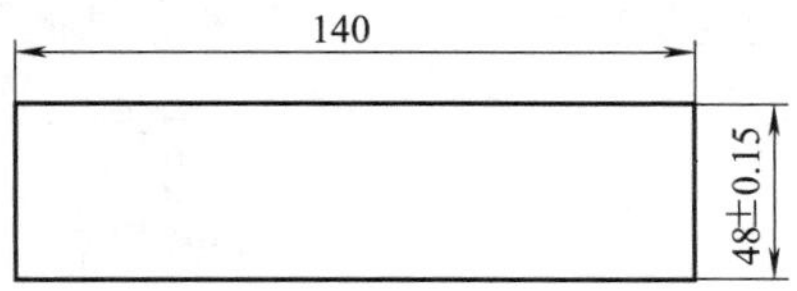 140 48±0.15
5	铣工件左端面,对称两斜面,对尺寸38、24	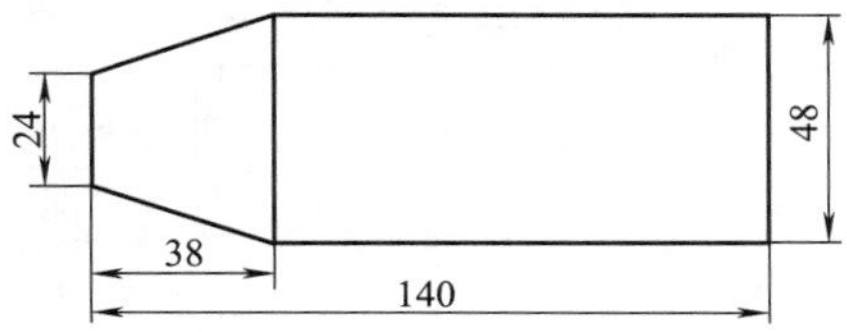 24 38 48 140
6	铣工件上表面,对尺寸$18_{-0.08}^{0}$	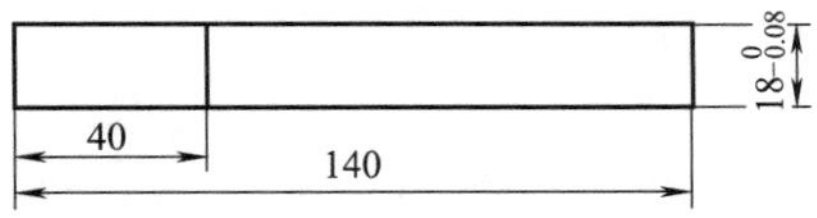 $18_{-0.08}^{0}$ 40 140
7	铣通槽80×16,对尺寸40	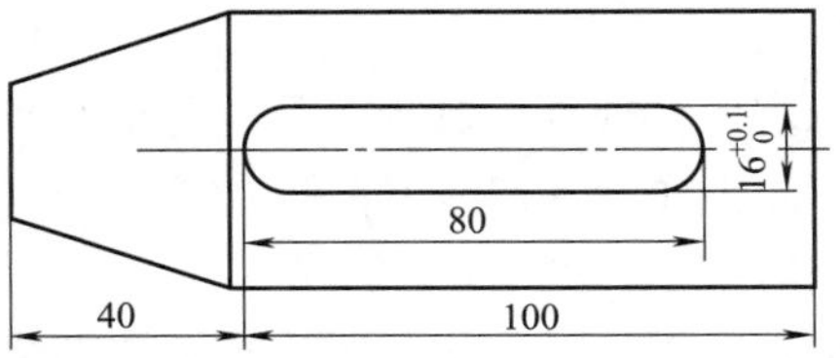 $16_{0}^{0.1}$ 80 40 100
8	铣工件左端斜面,对斜角10°	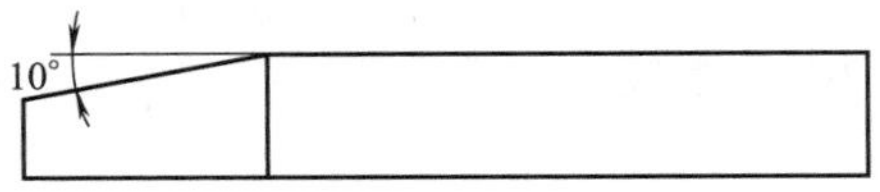 10°
9	以上表面、右端面为基准装夹工件,铣底面凹腔,对尺寸86	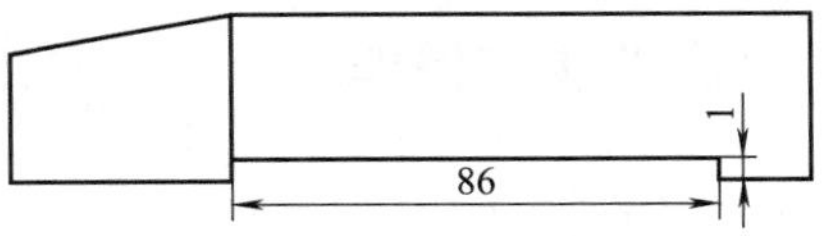 1 86

笔记✐

4.4 刨削基本知识

4.4.1 刨床的基本结构

牛头刨床主要包括床身、底座、横梁、工作台、滑枕、刀架等部件。主要机构有曲柄连杆机构、变速机构、走刀机构、操纵机构等，如图4-37所示。

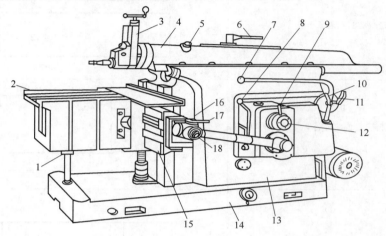

图 4-37 刨床的基本结构

1—支架；2—工作台；3—刀架；4—滑枕；5—调节滑枕位置手柄；6—紧定手柄；7—操纵手柄；8—工作台快速移动手柄；9—进给量调节手柄；10—变速手柄；11—开关；12—调节行程长度手柄；13—床身；14—底座；15—横梁；16—工作台横向或垂直进给手柄；17—进给运动换向手柄；18—进给量显示口

（1）床身

支承刨床各部件，其顶面是燕尾形水平导轨，供滑枕做往复直线运动，前面是垂直导轨供横梁连同工作台一起做升降运动用，床身内部装有传动机构。

 笔记

（2）滑枕

用来带动刨刀做往复直线运动，前端装有刀架。

（3）刀架

用来装夹刨刀，并使刨刀沿垂直方向或倾斜方向移动。它由刻度转盘、溜板、刀座、抬刀板和刀夹等组成。

（4）工作台

用于安装工件，可以沿横梁一起做横向运动或横向间歇进给运动，也可以随横梁做垂直运动。

4.4.2 刨床的基本操作

（1）滑枕变速调整

滑枕行程速度是以往复行程次数每分钟表示的。根据机床的标牌数，通过推拉变速手柄

10、11到不同位置来获得相应的滑枕移动速度。

（2）工作台进给的调整

进给量的大小是通过拨动棘轮齿数来调整的。

（3）工件和刨刀安装

① 工件装夹在工作台上的平口虎钳内夹紧，工件较大时，可直接安装在工作台上，用压板和T形螺栓压紧。注意压板和螺栓不能高于加工表面，以防刨削时与刨刀相碰。

② 刀具安装在刀架上的座孔内，用螺钉压紧，注意检查抬刀板是否正常。

4.5　刨削的基本操作内容及要点

（1）练习图及评分标准（如图4-38所示）

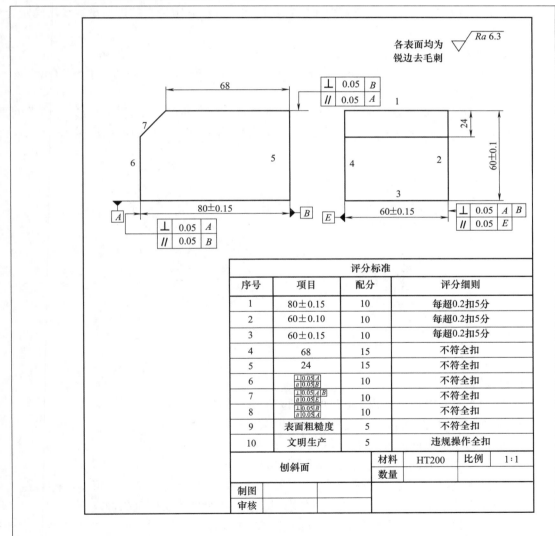

图4-38　刨削练习图及评分标准

（2）加工准备

① 读图了解工件的尺寸、形状。

该零件是矩形工件，毛坯尺寸为84mm×63mm×63mm，斜面与水平夹角大于90°是外斜面。矩形工件有尺寸要求和垂直度、平行度要求，表面粗糙度为$Ra6.3\mu m$。

② 工夹量具准备。

平行垫铁、游标卡尺、划针、万能角尺、压紧螺栓、压板、扳手等。

③ 工件的安装。

根据工件尺寸，选用平口钳装夹，加工前事先需将平口钳安装在工作台上并校正钳口与行程方向的平行或垂直。

④ 刨刀及加工方法的选择。

刨外斜面时，可选用普通平面刨刀。根据图纸斜面长度较短，可选用倾斜刀架法。

⑤ 切削用量的选择。

切削用量选择原则，一般是先确定最大的切削深度，再确定最大的进给量，最后确定合理的切削速度。

刨削速度v_c（m/s）是工件和刨刀在切削时的相对速度。一般取0.2~0.5m/s。

背吃刀量a_p（mm）是工件已加工表面和待加工表面的垂直距离。一般取0.5~2.0mm。

⑥ 刨削斜面的方法

a. 倾斜刀架法。此方法是将刀架和刀座分别扳转一定的角度，然后转动刀架进给手柄，从上向下沿倾斜方向进给刨削，进刀深度由横向移动工作台调整。如图4-39所示。

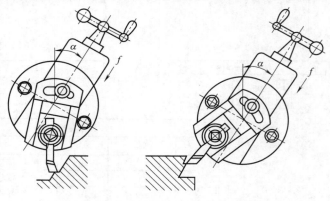

图4-39 刨削左、右侧面

笔记

刀架扳转角度：

（a）斜面与垂直方向的夹角α是锐角，则刀架扳转的角度为α。

（b）斜面与垂直方向的夹角α是钝角，则刀架扳转的角度为180°−α。

（c）斜面与水平方向的夹角α是锐角，则刀架扳转的角度为90°−α。

（d）斜面与水平方向的夹角α是钝角，则刀架扳转的角度为α−90°。

b. 装斜工件水平走刀法。根据图纸尺寸在工件上划出斜面的加工线，再将工件装在平口钳内，找正斜面加工线于水平位置，即可采用一般刨平面的方法刨削斜面。

⑦ 刀架扳转角度。根据图纸尺寸得斜面与垂直方向的夹角为

$$\tan\alpha = \frac{80-68}{24} = \frac{12}{24} = 0.5$$

由三角函数表查得 α=26°34′

（3）加工工件

① 刨平面。选用平面刨刀，刀架不需扳转角度，同前面铣矩形工件一样的安装顺序，刨削矩形工件，保证尺寸 80mm×60mm×60mm 及形位公差。

② 划线。根据图纸划出斜面的加工线。

③ 刨斜面。装夹矩形工件，以4面为定位基准，使加工部分露出钳口，然后在横向和纵向校正工件。

④ 调整刀架。刀架扳转的方向应使进刀的方向与被加工斜面的方向平行。刀架向右扳转26°34′，再扳转刀座约15°，使拍板座上部偏离加工面。

⑤ 加工前，须将刀架调整到适当的高度，以保证刀架的移动量能刨出整个加工表面。

⑥ 开车刨削，旋转刀架用手动斜进给，横向移动试刨2mm，整个表面经过一次走刀后，停车测量角度，如角度正确，继续进行刨削直到合格为止。如角度不正确，及时修正，然后再刨削。

（4）质量分析

如角度不对，可能是划线错误，或刀架的角度扳错，或工件左右的高度没有校正等。

4.6 磨削基本知识——外圆磨床

外圆磨床的基本结构

外圆磨床如图4-40所示，主要由床身、头架、工作台、内圆磨具、砂轮架、尾座、手轮等组成。

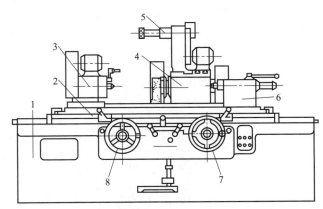

图4-40 外圆磨床的基本结构

1—床身；2—换向挡块；3—头架；4—砂轮架；5—内圆磨具；6—尾座；7—横向进给手轮；8—纵向进给手轮

① 床身：由纵向床身和横向床身两部分组成。

纵向床身上的导轨支承工作台的纵向往复运动，横向床身上的导轨支承砂轮架滑板做横向进给和快速运动。

② 头架：由底座、转盘、壳体、电机、传动装置和主轴等组成。

③ 工作台：分上下两层。上工作台面上有T形槽，用来安装头架、尾座、砂轮修整器

笔记 ✐

底座。

④ 内圆磨具：由支架、内圆砂轮主轴、电机等组成。

⑤ 砂轮架：由外圆磨具、内圆磨具及其电机、支架、转盘和横向滑板组成。

⑥ 尾座：由尾座体、尾座套筒、套筒后缩手柄、尾座套筒后缩液压踏板等组成。

4.7 磨削的基本操作内容及要点

平面磨削加工

4.7.1 磨平面

4.7.1.1 练习图及评分标准（如图4-41所示）

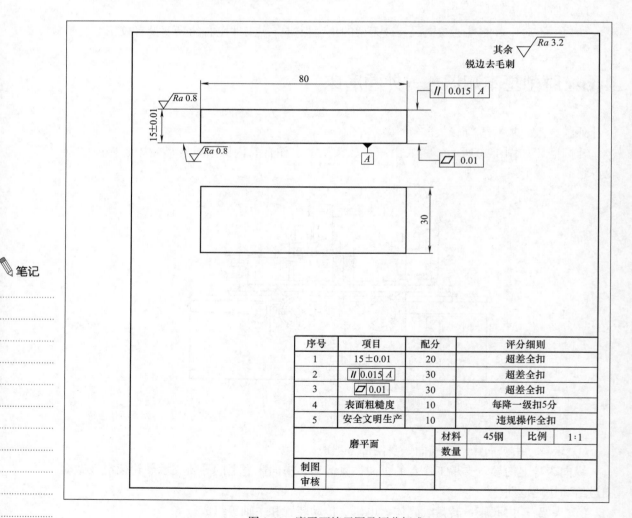

序号	项目	配分	评分细则
1	15±0.01	20	超差全扣
2	∥ 0.015 A	30	超差全扣
3	▱ 0.01	30	超差全扣
4	表面粗糙度	10	每降一级扣5分
5	安全文明生产	10	违规操作全扣

图4-41　磨平面练习图及评分标准

4.7.1.2　加工准备

①　读图了解工件的尺寸及技术要求。需加工的主要表面：基准面 A，平面度要求为 0.01，表面粗糙度 Ra 为 0.8μm；顶面，与基准面的距离尺寸为 15±0.01，平行度要求为 0.015mm，表面粗糙度 Ra 为 0.8μm。

②　擦净电磁吸盘台面，清除工件上的毛刺、氧化皮。选择表面粗糙度值较小且较平整的表面 A 作为定位基准平面，将工件装平在电磁吸盘上。

③　检查磨削余量。

④　砂轮的选择。选用平行砂轮，陶瓷结合剂。

4.7.1.3　加工工件

①　用金刚笔修整砂轮。

②　启动液压泵，移动工作台挡铁，调整其行程距离约 120mm，使砂轮越出工件表面 20mm 左右。

③　粗、精磨基准平面 A，保证平面度和表面粗糙度，留顶面粗、精磨余量。

④　缓缓降低磨头高度，使砂轮接近工件表面，再启动砂轮运转，并作垂向进给。注意砂轮先从工件最高处对刀。

⑤　以磨削过的平面为基准，磨削另一平面至图纸尺寸 15±0.01。

4.7.1.4　平行度检测

用外径千分尺测量，在工件上用外径千分尺相隔一定距离测出几点厚度值，其差值即为平面的平行度误差。

4.7.2　磨外圆

4.7.2.1　练习图及评分标准（如图4-42所示）

4.7.2.2　加工准备

①　读图了解工件的尺寸及技术要求。需加工的主要表面：外圆 $\phi 32^{\ 0}_{-0.03}$；表面粗糙度 Ra 为 0.8μm；圆柱度公差为 0.008。

②　检查中心孔，若不符要求，需修磨正确，达到要求后，擦拭干净，涂上润滑脂，并在工件的一端装上鸡心夹头。

③　用金刚石笔修整砂轮。

④　移动磨床尾座，调整两顶尖间的距离，使工件在两顶尖间的顶紧力适当，将尾座紧固。

⑤　安装工件，工件以两中心孔定位，两顶尖顶中心孔，调整顶尖的顶紧力，调整时，左手轻轻转动工件，略感轻松即可。

⑥　选择磨削用量。砂轮的速度为 35m/s，工件的转速为 140r/min，a_{p}=0.015~0.02mm，f=(0.4~0.6)Bmm/r，B 为砂轮的宽度 50mm，f=0.5×50=25mm/r。

笔记 ✐

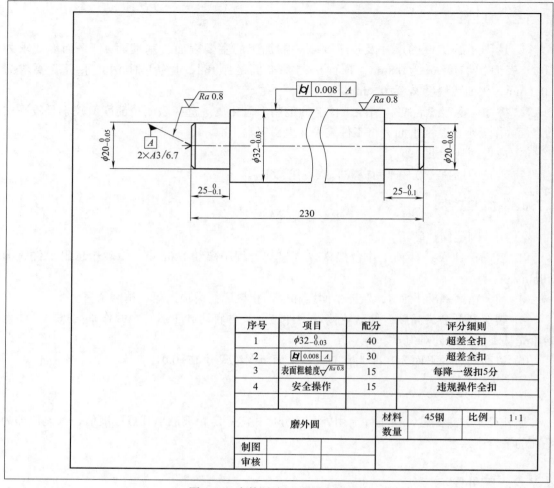

图4-42 磨外圆练习图及评分标准

序号	项目	配分	评分细则
1	$\phi 32_{-0.03}^{0}$	40	超差全扣
2	$\boxed{b}$ 0.008 A	30	超差全扣
3	表面粗糙度 $\sqrt{Ra\,0.8}$	15	每降一级扣5分
4	安全操作	15	违规操作全扣

4.7.2.3 加工工件

（1）调整工作台行程挡铁位置

启动液压系统，操作砂轮架横向移动快速手柄，使砂轮架快速进给，调整左右挡铁的位置。

（2）对刀

转动砂轮架横向移动进给手轮，使砂轮逐渐与工件接触，调整至刚未接触工件。启动砂轮电机、头架电机，打开冷却液泵开关，手动横向移动手轮进给，使砂轮逐渐接触工作，出现磨削火花。

（3）磨削

启动工作台液压纵向往复移动，手动横向进给手轮，工作台每个行程间歇进给一次，按选择的磨削用量磨削工件外圆 $\phi 32_{-0.03}^{0}$。

4.7.2.4 测量

将砂轮架快速后退，关闭冷却液，纵向往复运动、工件转动停止，用千分尺测量两端尺寸，根据测量尺寸，调整工作台，消除锥度误差，直至满足图纸要求。

5.1 钳工概述

5.1.1 钳工的工艺范围

钳工是以手工工具为主，大多在有台虎钳的工作台上对金属进行加工，以完成零件的制作、设备的装配、调试及维修等工作。它使用的设备简单，操作灵活、方便，适用范围广，对操作者的技术要求高，劳动强度大。一般若采用机械加工方法不太适宜或不能解决的工作，常由钳工来完成。钳工是机械制造不可缺少的一个工种。

钳工操作包括：划线、錾削、锉削、锯削、钻孔、扩孔、铰孔、攻螺纹和套螺纹、铆接、校直与弯曲、刮削与研磨以及简单的热处理等。

5.1.2 钳工的主要设备及工量具

（1）台虎钳

台虎钳用来夹持工件，常用的有固定式和回转式二种。带砧座回转式台虎钳（如图 5-1 所示）能在水平面内回转，应用较广，它由固定钳身、活动钳身、转座、钳口等组成。 使用台虎钳应注意：台虎钳应牢固地固定在钳工台上，无松动现象。夹紧或松卸工件时，严禁用手锤敲击或套上管子等方式加力转动手柄，以免损坏丝杆、螺母或固定钳口。

用手锤进行强力作业时，锤击力应朝向固定钳身，不允许用大锤在台虎钳上锤击工件，带砧座的台虎钳只允许在砧座上用手锤轻击工件。

工件应尽量装夹在钳口中部，以使钳口受力均匀。各滑动表面及丝杆、螺母间需经常保持清洁并加润滑油。

（2）砂轮机

砂轮机（如图 5-2 所示）用于刃磨各种刀具和工具，也可用于磨去工件毛坯上的毛刺、锐边等。它由电动机、砂轮和机体等部分组成，其转速较高，使用时应严格遵守操作规程，并应注意如下事项：

启动前，应用手扳转砂轮，检查砂轮是否松动。

砂轮旋转方向应正确，使用时待砂轮机转速达到正常后方可进行磨削。

操作者应站在砂轮机侧面工作，严禁正面朝向砂轮。

磨削时不可撞击砂轮或施加过大的力，当砂轮表面不平或严重跳动时，应及时用砂轮修整器修正。

禁止戴手套或因温度高将刀具等用缠绕物包裹后磨削。

（3）钻床

钻床，主要用于对工件进行孔加工，有台式钻床（如图5-3所示）、立式钻床、摇臂钻床等。对于直径在10mm以下的孔，在不便于使用钻床的场合，也可用手电钻钻孔。

图5-1　台虎钳　　　　　　　　　图5-2　砂轮机　　　　　　　　图5-3　台式钻床

（4）钳工台

① 钳工台台钳对面不准朝向人。要安装安全网。钳工台必须安装牢固，不得作铁砧用。

② 钳工台上使用的照明电压不得超过36V。

③ 钳工台上要整洁，杂物要及时清理，工具和工件要放在指定地点。

（5）铁锤（榔头）

① 锤柄必须用硬质木料做成，大小长短要适宜，锤头上须加铁楔，以防工作时甩出锤头。

② 使用前应检查锤头与锤柄是否松动，是否有裂纹或毛刺，如有缺陷，必须修好再用。

③ 手上、柄上、锤头上有油污时，必须擦干净后才能使用。

（6）锉刀、刮刀

① 锉刀、刮刀木柄须装有金属箍。严禁使用无柄或柄松动的锉刀和刮刀。

笔记

② 锉刀刮刀不能当锤子、撬棒或錾子使用，以防折断。

③ 工件或锉刀上有油污时，要及时擦净，以防打滑。

④ 使用三角刮刀时，要防刀尖、刀刃伤手，工作完毕应把刮刀装入套内，并妥善保管。

⑤ 清除铁屑时，应用专用工具，不准用嘴吹或手擦。

（7）手锯及机锯

① 工件必须夹紧，不准松动，以防锯条折断伤人。

② 锯条要靠近钳口，锯条安装方向要正确，压力与速度要与材料相宜。

③ 工件将要锯断时，压力要减轻，以防压断锯条或者工件落下伤人。

④ 机锯时要给设备加油润滑，给锯条加冷却液。人不离机。

（8）电钻及一般电动工具

① 使用电钻时，严禁私自乱接电线，零时用电要找电工接线。

② 电钻导线要保护好，严禁乱拖，以防轧坏、割破。更不可把电线拖到水油中，以防触电。

③ 使用电磨头时，一定要戴好防护眼镜。

④ 电钻未停止转动时，不能卸、换钻头。

⑤ 停电、休息或离开工作地时，应立即切断电源。

（9）量具

钳工的常用量具有直角尺、刀口直尺、刀口角尺、游标卡尺、高度游标卡尺、千分尺、万能角度尺等。由于零件的尺寸精度都是由量具保证的，所以正确使用和保养量具也是钳工的日常工作。

5.2 划线、锉削

5.2.1 划线的种类与作用

5.2.1.1 划线及其种类

根据图纸（图样）或实物的尺寸，在工件上，用划线工具划出待加工部位的轮廓线或定位基准的点、线的工作称为划线。划线分平面划线与立体划线。只需在工件的一个平面上划线，称为平面划线。同时在工件的几个平面上划线，如长、宽、高方向或其他倾斜方向，称为立体划线。

5.2.1.2 划线的作用

① 确定加工位置、加工余量，便于找正与加工。

② 发现和处理不符合图样要求的毛坯件。

5.2.1.3 划线工具及其使用

① 划线平台。划线平台又称平板，用铸铁制成，表面经精刨或刮削加工，是划线时的基准平面。安放划线平台，应平稳可靠，处于水平状态；使用时不许在平台上敲击工件或碰撞平台。工具和工件在平台上，应轻拿轻放，避免撞击或划伤表面，注意避免局部磨损。平时应保持清洁，长期不用时，应涂油防锈，并加防护罩。

笔记

② 高度尺。高度尺的副尺测量平面的刀尖材料是硬质合金，目前常用高度尺直接在工件上划线。

③ 划规。常用划规用于划圆和圆弧、等分线段、等分角度以及量取尺寸，如图5-4所示。

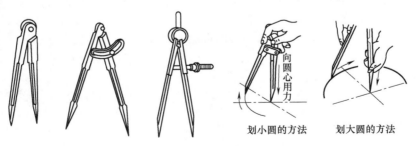

向圆心用力

划小圆的方法　划大圆的方法

图5-4　划规

④ V形块。V形块是定位元件中应用最广的。因为其结构简单（如图5-5所示），定位精度适中，它不仅适用于完整的外圆面定位（如图5-6所示），而且也适用于非完整的外圆面和多级台阶外圆面的定位。V形块的材料一般用20钢渗碳淬火或铸铁，其夹角一般采用90°、120°，其中90°运用最广泛。精密的V形块各相邻平面均互相垂直，故也可当方箱使用。

⑤ 样冲。样冲用于在所划加工界线上和圆、圆弧的中心打样冲眼，目的是加深划线标记，便于加工或钻孔时定心。常用工具钢制成并淬硬，样冲的尖部应磨成60°～90°。

图5-5　V形块

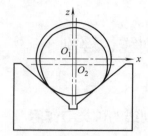

图5-6　工件以外圆为基准定位

⑥ 数控或钻模定位。用常用钻模定位，简便迅速但精度略低，而在数控铣床或加工中心上用中心钻定位尽管精确，但数量少的复杂零件装夹和校正较慢，适合复杂零件上的多孔批量加工。

5.2.1.4　划线的方法

（1）划线前的准备

① 工量具的准备。根据图纸合理选择要加工零件的工、量具。

② 工件的清理。清除铸、锻件上的浇冒口、飞边、毛刺、氧化皮等。

③ 工件的涂色。为使划出的线条更清晰，划线前，在未加工工件表面的划线部位涂上一层均匀的涂料。常用的涂料有：粉笔、石灰水、蓝油或硫酸铜溶液等。粉笔用于数量少、工件小的毛坯；石灰水用于铸、锻件毛坯；蓝油或硫酸铜溶液用于已加工工件。

（2）划线基准的选择

划线时，预先选定工件上某个点、线、面作为划线的依据以确定工件各部分的尺寸、几何形状和相互位置，选定的点、线、面为划线基准。合理选择划线基准，能使划线方便、准确、迅速。

笔记

5.2.1.5　划线基准的选择原则

① 尽量使划线基准与工件图纸的设计基准重合。

② 工件上没有已加工表面时，以较大、较长的不加工表面作为划线基准。工件上有已加工表面时，以已加工表面作为划线基准。

③ 以对称面或对称线作为划线基准。

④ 需两个以上的划线基准时，以互相垂直的表面作为划线基准。

5.2.2　锉刀

5.2.2.1　锉刀的种类及规格

（1）锉刀的种类

根据锉刀的用途，一般将锉刀分为普通锉、整形锉两种。

（2）锉刀的规格

① 尺寸规格。圆锉以直径表示，方锉以边长表示，其他锉刀均以长度表示。

② 粗细规格。根据锉刀齿距的大小将锉纹分为1~5号，号数越大锉纹越细。习惯上，对应于5种锉纹号，常将锉刀分为粗齿、中齿、细齿、双细齿与油光锉五种规格。

5.2.2.2 锉刀的选择

① 长度的选择。锉刀的长度尺寸取决于工件的加工面积与加工余量，一般加工面积大、余量多的工件，使用较长的锉刀。

② 锉齿粗细的选择。锉齿粗细取决于工件的加工精度、加工余量、表面粗糙度的要求与工件材料的软硬。一般加工精度高、余量少、表面粗糙度要求较细、材料较软的工件，选用较细的锉刀，反之则选用粗一些的锉刀。

③ 锉刀形状的选择。工件加工部位的形状决定了锉刀的断面形状，如图5-7所示。

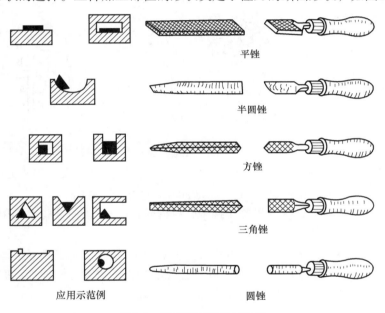

平锉

半圆锉

方锉

三角锉

应用示范例　　　　　圆锉

图5-7　锉刀断面形状的选择

5.2.3 锉削

5.2.3.1 锉刀的握法

锉削时，一般右手握住锉刀柄，左手握住或压住锉刀。右手的握法为柄部抵在手掌心，大拇指放在柄上部，其余四指自然地紧握锉刀柄。左手的握法，应根据锉刀的长短规格、锉削行程长短、锉削余量的多少等选择。一般大中型锉刀的握法采用重压的方法；中小锉刀只需轻轻捏住或压住即可；整形锉一般均较小，只需稍加压力。

5.2.3.2 站立的姿势

在台虎钳上锉削时，操作者应站在台虎钳正面中心线的左侧。锉削时，两肩自然放平、

笔记

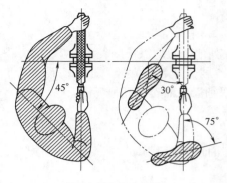

目视锉削位置的被锉削工件表面；右手小臂同锉刀呈一直线（如图5-8所示），且与锉刀面平行；左臂弯曲，左小臂与锉刀平面基本平行。从起锉到收锉有一个用力过程（如图5-9所示）。

5.2.3.3　锉削动作

锉削分向前推锉与回锉两个连续动作。其动作应做到：身体稍向前倾，重心放在两腿之间，身体靠左膝屈伸做前后往复运动，两臂协调配合。在前后运动过程中，重心不要有明显的上下起伏。

图5-8　姿势与部位

① 预备动作。将锉刀放在工件上，做好锉削站立姿势。

图5-9　锉削过程

② 向前推锉。身体与锉刀同步向前运动，左臂弯曲度逐渐增大；当锉刀推进约3/4行程时，身体后移，使左臂弯曲度减小，左臂逐渐伸开，两手则继续推锉。

③ 回锉。当锉完最后1/4行程时，两手顺势将锉刀收回。当回锉将要结束时，身体又前倾，以准备第二次推锉动作。

④ 锉削时的压力。为了锉出平整的平面，在推锉过程中必须使锉刀始终保持水平位置而不上下摆动。因此在锉削过程中，右手的压力应随锉刀的推进逐渐增加，而左手的压力则随锉刀的推进而逐渐减小。回锉时两手不加压力，以减少锉齿的磨损。

笔记

5.2.3.4　锉削方法

① 交叉锉法。锉刀与工件成一定的角度（50°~60°），交叉变换锉削方向。特点是锉刀与工件的接触面大，仅用于粗锉，如图5-10（b）所示。

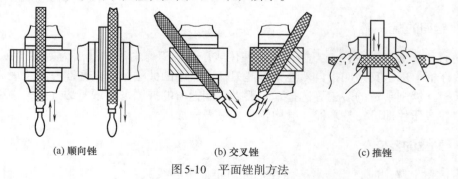

(a) 顺向锉　　　　　　　(b) 交叉锉　　　　　　(c) 推锉

图5-10　平面锉削方法

② 顺向锉法。锉削时锉刀始终沿一个方向锉削［如图5-10（a）所示］，通常在平面已基本锉平后，采用顺向锉法，由于其锉纹整齐一致，起锉光的作用。

③ 推锉法。推锉法是用两手横握锉刀，沿工件表面作推锉运动［如图5-10（c）所示］。推锉法切削量小，主要用于修整较小的工件表面，以获得较细的表面粗糙度。

④ 滚锉法。锉刀在做凸圆弧面顺向滚锉法动作的同时，还要绕球面的中心和周向作摆。

⑤ 锉削速度。一般锉削速度控制在20~40次/min左右，要求向前推锉刀时的速度稍慢，而回锉时的速度可稍快些。锉A3钢等软材料时，要用钢丝刷及时清除积屑。

5.3 锯削

锯削加工

5.3.1 锯削工具

5.3.1.1 锯弓

锯弓是用来夹持和张紧锯条的弓架，有整体式和分体式。

5.3.1.2 锯条

锯条一般用碳素工具钢或合金钢制成后经热处理淬火硬化。锯条的长度以两端安装孔的中心距表示，通常为300mm，厚0.6mm。锯齿的粗细是用25mm内锯齿个数来表示的，常用的有14、18、24和32个齿，也有说成粗、中、细齿的。锯条制造时将锯齿按一定规律左右错开，成为锯路。锯路有交叉形和波浪形两种（如图5-11所示）。现代制造业常用带锯的锯床机锯取代手工锯削。

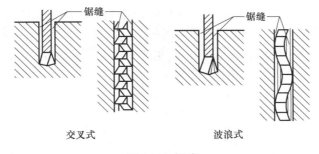

图5-11　锯路

5.3.1.3 锯条的安装

安装锯条，须注意锯齿的方向。手锯在向前推进时才起到切削作用，所以应将锯齿的方向朝前。装好后的齿条应与中心平面平行，不可扭曲。锯条的松紧可通过翼形螺母来调节，不可过紧或过松。过紧，则锯条受力大，锯削时用力稍有不当，则易折断；过松，则锯条受力后易扭曲，也易折断，且锯出的锯缝歪斜。

笔记 ✐

5.3.2 锯削方法

5.3.2.1 手锯的握法

常见的握锯方法是：右手握锯柄，左手扶压住锯弓前端。锯削时，右手主要控制推力，左手配合右手扶正锯弓，并稍微施加压力。

5.3.2.2 站立姿势

在台虎钳上锯削时，操作者面对台虎钳，锯削位置在台虎钳左侧，站立位置，前腿微微弯曲，后腿伸直，两肩自然摆平，两手握正锯弓，目视锯条，保证锯条与工件运动中保持垂直。

5.3.2.3 锯削动作

① 直线往复式。推锯时，身体与手锯同时向前运动；回锯时，身体靠锯削反作用力回移，两手臂拉削锯条平直运动。

② 摆动式。身体的运动与直线往复式相同，但两手臂的动作不同。推锯时，前手臂上提，后手臂下压。

5.3.2.4 锯削步骤

（1）工件的装夹

工件通常装夹在台虎钳左侧，伸出长度尽量短。锯削前，一般应先划线，并使锯削线与钳口端面平行。

（2）起锯

起锯对锯削余量有直接的影响，起锯不正确，会造成锯削位置不准、锯缝歪斜甚至崩齿等。起锯的方法有远起锯与近起锯两种。起锯时，左手拇指靠住锯条。起锯角度约为2°~5°，要求至少有三个齿接触工件。一般都采用远起锯法，这种方法便于观察起锯线，且锯齿不易卡住。起锯操作时，行程要短，压力要小，速度要慢。当起锯到槽深达2~3mm时左手拇指即可离开锯条，进行正确锯削，如图5-12所示。

笔记

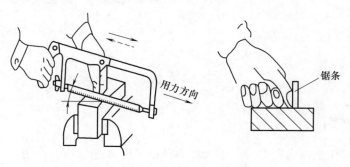

用力方向

锯条

图5-12 起锯方法

（3）锯削

推锯时应对锯弓施加压力；回锯时不可加压，并将锯弓稍微抬起，以减少锯齿的磨损。

当工件将被锯断时，应减轻压力，放慢进度，并用左手托住将被锯断掉下的一端。锯削时，应使锯条的全部锯齿都参加锯削。

5.4 钻孔与螺纹加工

钻孔

5.4.1 钻头

5.4.1.1 钻头的组成

钻头，是用来钻孔的刀具，通常由高速钢制成，其中尤以麻花钻应用最为普遍，麻花钻的组成如图5-13所示。

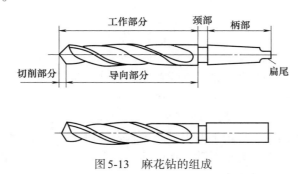

图5-13 麻花钻的组成

（1）柄部

钻柄用于装夹，有直柄与锥柄两种。一般直径小于13mm的钻头制成直柄，大于13mm的制成锥柄。

（2）颈部

颈部标有钻头的规格、商标或材料牌号等。

（3）工作部分

包括导向部分与切削部分。导向部分由两条螺旋槽和两条棱边组成，起排屑与导向作用。切削部分由两个前刀面、两个后面、两条主切削刃和一条横刃组成，担负主要切削工作。

5.4.1.2 钻头的装夹

（1）直柄钻的装夹

直柄钻用钻夹头来装夹。装夹时，将钻头柄部装入夹头内，转动锥齿钥匙扳手，使三个卡爪自动定心并夹紧。

（2）锥柄钻的装夹

当钻头锥柄尺寸小于钻床主轴内锥孔的尺寸时，可选择合适的锥度过渡套来装夹钻头。当钻头锥柄与主轴锥孔规格相差较多时，应用几个过渡套配接起来，如图5-14所示。安装钻头时，需将钻头柄部扁尾对准主轴上的腰形孔，利用加速力一次装接。拆卸时，用斜铁插入主轴上的腰形孔内，再用手锤敲击斜铁后部，使钻头与主轴分离。

笔记

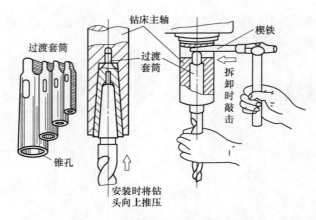

图5-14　过渡套及其锥柄钻的装卸

5.4.2　钻孔

5.4.2.1　钻孔设备

　　钻孔设备常用的有台钻、手电钻、立式钻床和摇臂钻床。

　　台式钻床即台钻，是一种小型机床，一般安装在台子上，用来钻直径在1~13mm的孔。电动机通过传动带来带动主轴旋转。改变传动带在带轮上的上下位置，就可以改变主轴转速。进给运动是通过手柄和手柄轴上的齿轮与主轴套筒齿条啮合实现的。转动手柄，主轴套筒带着主轴上下移动，实现了进给运动，在手柄一侧有调整钻孔深度用的标尺螺母。钻床头架锁紧手柄。这种台钻的灵活性较大，可适应于多种场合的钻孔需要，但其最低转速较高，不适用于进行锪孔、铰孔和攻内螺纹。

5.4.2.2　划线

✐笔记

　　按钻孔的位置尺寸要求，划出孔的中心线，并在中心打上样冲眼，精度高的孔再按孔的大小划出孔的圆周线，便以检查和校正钻孔尺寸与位置。

5.4.2.3　工件的装夹

　　为保证钻孔质量和钻孔安全，应合理装夹工件。常用的夹具与装夹方法如图5-15所示。

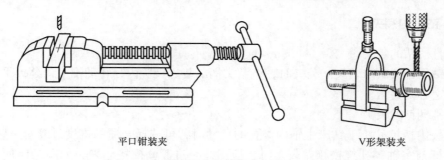

平口钳装夹　　　　　　　　　　　　　　V形架装夹

图5-15　工件装夹方法

　　① 用平口钳安装。适用于平整的小型工件。装夹时，应使工件表面与钻头垂直，钻通

孔时，应在工件底部垫上垫铁。钻直径大于10mm的孔时，应将平口钳固定在工作台上。

② 用V形架装夹。用于装夹圆柱形工件。钻孔时，应使钻头对准V形架的中心，按工件划线位置进行钻孔。

③ 压板夹持。用于钻孔直径在ϕ10mm以上，且不便于平口钳装夹的工件。

④ 用三爪自定心卡盘装夹。用于圆形工件端面上钻孔。

⑤ 用角铁夹持。用于工件基准面与钻孔位置有垂直度要求的异形工件。

⑥ 用手虎钳夹持。用于在小工件或薄板上钻孔。装夹时，应在工件下面垫上垫木，严禁手持工件钻孔作业。

5.4.2.4 选定转速与进给量

钻床的主轴转速和进给量的选用与钻孔直径、工件材料及钻头材料等因素有关。用高速钢钻头钻孔时，转速可用下式确定：

$$n = \frac{60 \times 1000 V_c}{\pi D}$$

式中 n——主轴转速，r/min；

V_c——切削速度，m/s；

D——钻头直径，mm

通常取 V_c=0.15~0.3m/s；进给量一般取f=0.10~0.45mm/r。

5.4.2.5 操作

（1）试钻

先将钻头对准孔中心样冲眼钻一浅窝（约为孔径的1/4），然后观察所钻的浅窝是否与划线圆同心，如发现偏心，应及时纠正。纠正的方法为：可重新打一较大的样冲眼，或在钻削的同时将工件向偏心的相反方向推移，也可采用尖錾将偏心多余部分剟去后再重打样冲眼。

（2）手动进给

如在台钻上钻孔，试钻后，即可手动进给钻削，进给力不可过大。钻小孔或深孔时，应经常及时退钻排屑，以免切屑堵塞。孔将要钻穿时，必须减小进给力，以防折断钻头或使工件转动造成事故。

5.4.2.6 注意点

钻削时，应在钻头切削部分加注切削液。钻钢件时，可选用乳化液或机油，钻铸件时一般不加切削液，也可用乳化液或煤油连续加注。

5.4.3 螺纹手工加工

5.4.3.1 攻螺纹

用丝锥加工工件的内螺纹称为攻螺纹（俗称攻丝）。

（1）攻螺纹工具

① 丝锥。丝锥是攻制内螺纹的刀具，一般由合金工具钢或高速钢制成，如图5-16所示。前端切削部分制成圆锥，有锋利的切削刃，中间为导向校正部分，起修光校正和引导丝

笔记

锥轴向运动的作用。柄部都有方榫，用于连接工具。

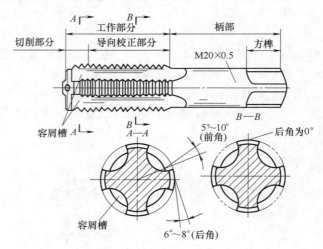

图5-16 丝锥构造

常用的丝锥分为手用丝锥与机用丝锥两种。手用丝锥由二支或三支组成一套。通常M6~M24的丝锥一套有二支，M6以下的、M24以上的一套有三支，分别称为头锥、二锥和三锥。细牙丝锥均为二支一套。现在有用硬质合金材料制造成的丝锥，适合多种材料的内螺纹的加工。

② 丝锥扳手。丝锥扳手（俗称铰手如图5-17所示），是用于夹持和扳动丝锥的工具，分普通扳手和T形扳手两种。丝锥扳手的规格，用其长度表示，应根据丝锥的尺寸大小合理选用：一般丝锥直径小于等于6mm，选用长度150~200mm；丝锥直径8~10mm，选用长度200~250mm；丝锥直径12~14mm，选用长度250~300mm；丝锥直径大于等于16mm，选用长度400~450mm。

图5-17 丝锥扳手

（2）螺纹底孔直径的确定

攻螺纹前螺纹底孔的直径尺寸可查手册或按下面的经验公式确定：

加工钢件或塑性材料时：

$$D=d-p \text{（mm）}$$

加工铸铁或脆性材料时：

$$D=d-1.1p \text{（mm）}$$

式中　D——底孔直径，mm；

　　　d——螺纹公称直径，mm；

　　　p——螺距，mm。

攻不通孔的螺纹件，由于丝锥切削部分不能切出完整的螺纹，所以孔的深度要大于螺纹长度，其孔深L可按下式计算：

$$L=l+0.7d$$

式中　*L*——钻孔深度，mm；

　　　l——螺纹长度，mm；

　　　d——螺纹公称直径，mm。

（3）注意事项

① 在较硬材料上攻螺纹时，如感到很费力，不可强行转动，应将头锥、二锥轮换，交替攻削，即用头锥攻几圈后，换用二锥攻几圈，再用头锥攻几圈，依次交替进行。有条件最好使用硬质合金材料的丝锥。

② 攻螺纹时，均应加注切削液。

③ 当发现丝锥已用钝，切削困难时，应及时更换，不可强行攻制，否则易乱牙或断裂。

④ 攻螺纹时，如丝锥断在孔中，应根据折断情况采取不同的方法将其从孔中取出。小直径丝锥，当断得不深时，可用样冲将其缓缓冲出。当断丝锥埋入螺纹中较深时，还可用断锥起爪（取出残留在工件中断丝锥的工具）将其取出。现在也常用电火花击碎取出。

5.4.3.2　套螺纹

套螺纹

用板牙在工件外圆上切削出外螺纹的操作称为套螺纹（俗称套丝）。

（1）套螺纹工具

① 板牙。板牙（如图5-18所示）是加工外螺纹的刀具，用合金钢或高速钢制成。常用的圆板牙有固定式和可调式两种。可调式板牙其螺纹孔的大小可做微量调节。圆板牙右端的锥角部分与切削部分起主要切削作用，中间一般为校正及导向部分。圆板牙外圆上有几个锥坑和一条V形槽，用来将板牙固定于板牙架上。

② 板牙架。板牙架用于装夹板牙，其结构如图5-19所示。其圆周上有一个或几个紧定螺钉。

图5-18　板牙

图5-19　板牙架

笔记 ✐

（2）套螺纹操作要领

① 套螺纹前螺纹外圆直径的确定。通常套圆柱螺纹时，螺纹外圆直径按下式确定：

$$d_{外}=d-0.13p$$

式中　$d_{外}$——套螺纹前工件外圆直径，mm；

　　　d——螺纹公称直径，mm；

　　　p——螺距，mm。

② 套螺纹前外圆端面应倒角。

③ 工件的装夹。套螺纹时，由于工件为圆柱形，因此钳口处要用V形垫块或厚软金属板衬垫后，将工件夹紧，工件伸出钳口要尽量短。

④ 开始套螺纹时，为了使板牙切入工件，要在转动板牙时施加轴向压力，且转动要慢，压力要大。待板牙旋入工件切出螺纹后，不能再加压力，只用旋转力即可进行套制。

⑤ 板牙套入螺纹1~2牙后，应检查板牙的端面与工件是否垂直，如歪斜应及时纠正。与攻内螺纹一样，为了断屑，板牙套外螺纹时也要时常倒转，并注意加注切削液。

5.5 铰孔

用铰刀从工件孔壁上切除微量金属层，以提高其尺寸精度和表面粗糙度的方法称为铰孔。铰孔可加工圆柱孔和圆锥孔，精度可达：尺寸公差等级IT9~IT7，表面粗糙度 Ra 为1.6~0.8μm。

（1）铰刀

① 机用铰刀（如图5-20所示）其工作部分较短，导向锥角 2ϕ 较大，切削部分有圆锥和圆柱两种。柄部有圆柱与圆锥两种，直径较小的铰刀柄部为圆柱，可装夹在钻夹头上使用，直径较大的铰刀柄为圆锥，可装入钻床主轴锥孔中使用。

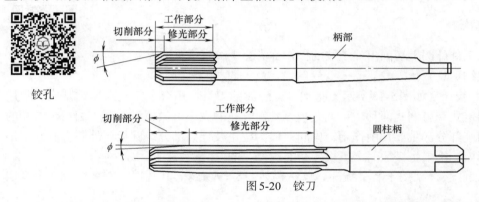

图5-20 铰刀

② 手用铰刀。用于手工铰孔，工作部分较长，导向锥度 2ϕ 较小，切削部分也有圆锥与圆柱两种，柄部为圆柱，末端有方头，可夹在铰杠内使用。

③ 可调式手铰刀。可调式手铰刀由刀柄、刀片和调节螺钉等组成，每把可调式手铰刀都有一定的可调范围，适用于修配、单件生产以及特殊尺寸情况下铰通孔。

笔记

（2）铰孔方法

① 确定铰孔余量。铰孔是对孔进行精加工（如图5-21所示），前道工序留下的余量应适当。余量过大，不但孔铰不好，而且铰刀易磨损；余量太小，则不能铰去上道工序的走刀痕迹，也达不到孔的尺寸、表面质量要求。一般应根据实际情况来决定铰刀直径。通常直径小于5mm的孔，铰削余量为0.08~0.15mm；直径6~20mm的孔，铰削余量为0.12~0.25mm；直径20~35mm的孔，铰削余量为0.2~0.3mm。

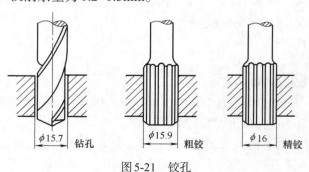

$\phi15.7$ 钻孔　　$\phi15.9$ 粗铰　　$\phi16$ 精铰

图5-21 铰孔

② 铰孔步骤

a. 铰小圆柱孔的步骤为：钻孔—粗铰—精铰。

b. 铰较大圆柱孔的步骤为：钻孔—扩孔—粗铰—精铰。

c. 铰尺寸较小的圆锥孔步骤：按圆锥小端直径钻孔—铰孔。

d. 尺寸较大的圆锥孔步骤为：应先钻出阶梯孔（2~3个台阶），再铰孔。

③ 手动铰孔。放平铰杠，两手用力应均匀，旋转速度均匀而平稳，不能使铰杠摇摆，避免孔口喇叭形或扩大孔径。进刀、退刀时，均要顺时针旋转，严禁反转。

④ 机动铰孔。一般应一次装夹完成孔的钻、铰，以保证铰孔精度。退出铰刀时，铰刀不可反转，待铰刀全部退出后再停机。为避免铰孔时产生积屑瘤，采用高速钢铰刀铰孔时，粗铰取：$v_c=0.067~1.67\text{m/s}$；精铰取：$v_c=1.5~5\text{m/s}$；进给量取：$f=0.3~1.2\text{mm/r}$。

⑤ 注意事项。铰削时，必须选用适当的切削液，以减少铰刀与孔壁的摩擦，降低刀具的温度，去除黏附在工件上的切屑，从而可细化孔壁的粗糙度，减少孔的扩大量。

5.6　镶配

5.6.1　形位公差检测要求

基准面加工前，先介绍一下面加工后的形位公差检测要求。

5.6.1.1　形状精度

（1）直线度

直线度符号为"—"，是指被测直线偏离其理想形状的程度。图5-22（a）为直线度的标注。图示直线度公差为给定方向的直线度公差带，是该方向上距离为公差值（如0.03mm）的两平行直线之间的区域，如图5-22（b）所示。图5-22（c）为小型零件直线度误差的一种检测方法，将刀口形直尺与被测素线接触，测得的缝隙即为此素线方向上的直线度误差。

笔记

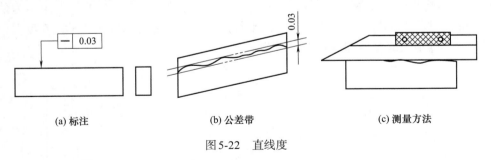

(a) 标注　　　　　　　(b) 公差带　　　　　　　(c) 测量方法

图5-22　直线度

（2）平面度

符号为"▱"，是指被测平面偏离其理想形状的程度。如图5-23（a）所示为平面度的标注。图中平面度公差是距离为公差值（0.05mm）的两平行平面之间的区域，如图5-23（b）所示。图5-23（c）为小型零件平面度误差的一种简易测量方法。将刀口形直尺与被测平面接触，在各个方向检测，其中最大缝隙的数值，即近似为平面度误差（可用塞尺确定缝隙数值）。

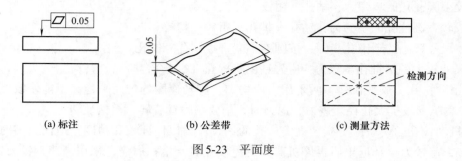

(a) 标注　　　　　　　　(b) 公差带　　　　　　　(c) 测量方法

图 5-23　平面度

5.6.1.2　位置精度

（1）平行度

平行度符号为"//"，是指零件被测要素（线或面）相对于基准平行方向所偏离的程度。平行度公差的标注如图 5-24 所示。当给定一个方向时，平行度公差带是距离为公差值（如 0.03mm）且平行于基准平面的两平行面（或线）之间的区域，平行度误差的简易检测法。将被测表面按规定进行测量，百分表最大与最小读数之差值，即为平行度误差。

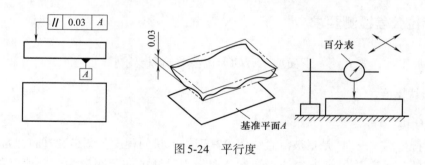

图 5-24　平行度

（2）垂直度

垂直度符号为"⊥"，是指零件上被测要素（线或面）相对于基准垂直方向所偏离的程度。垂直度公差的标注如图 5-25 所示。当给定一个方向时，垂直度公差带是距离为公差值（如 0.02mm）且垂直于基准面（或线）的两平行面（或线）之间的区域，不垂直度误差的一种检测方法，其最大缝隙值即为垂直度误差。

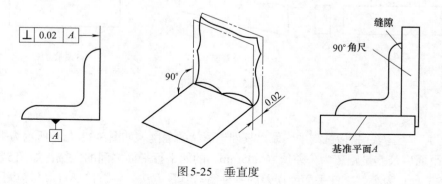

图 5-25　垂直度

5.6.2　基准面的加工

5.6.2.1　初基准的选择

加工图如图5-26所示，选两个相互接近垂直且直线度、平面度也比较好的相邻面作为粗基准，去掉锐边和毛刺。本次加工中选择A、B两个相互垂直的基准平面。

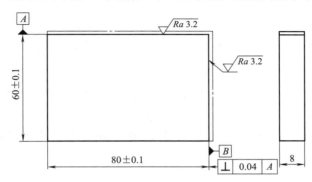

图5-26　基准面A、B

5.6.2.2　基准面加工

用300mm的中齿平锉粗加工，然后用50mm的细齿小锉刀精推锉，使表面达到要求，并在A基准面上做好记号。锉B面时除直线度、平面度达到要求外，还要保证垂直度，做完同样做好标记。如果中间高则还要用交叉锉法。

在锉平面时，不管是顺向锉还是交叉锉，为了使整个加工面能均匀地锉削到，一般在每次抽回锉刀时，要向旁边略微移动，观察锉痕以便迅速判断下一锉刀要锉的地方。

5.6.2.3　平面的检测

（1）直线度和平面度的检测

锉削平面时，常需要检验其直线度和平面度。一般可用刀口直尺、刀口角尺或直角尺以透光法来检验。刀口直尺沿加工面的纵向、横向和对角线进行测量，如图5-27所示。如果直尺与平面间透过来的光线微弱而均匀，表示比较平直；如果检查处透过来的光线强弱不一，则表示此处高低不平，光线强的地方比较低，而光线弱的地方比较高。

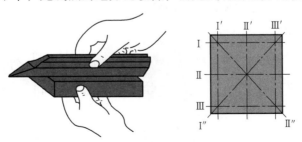

图5-27　刀口直尺检测平面度

刀口角尺等测量量具不能在工件表面上拖动，应离开表面后再轻放到另一检查位置。检查完要轻放在固定放置量具的位置，否则，尺的测量边容易磨损而降低精度。

笔记

（2）垂直度的检测

垂直度是用刀口直尺以透光法来检查。检查时，将刀口角的短边紧靠基准面向下移动，长边移至被检测边时即可检查被检测边与基准面之间的不垂直情况。

在用角尺检查时，角尺的短边与基准面必须始终保持紧贴，而不能受其他情况的影响而松动，否则检查结果会产生错误。大于60mm的工件常用万能角尺检查垂直度。

5.6.3 平行面与对称面的加工

5.6.3.1 平行面的加工与检测

（1）平行面的加工

如图5-26所示，以A面为基准，划出平行对面的尺寸线；以B面为基准，划出平行对面的尺寸线；用300mm的中齿平锉粗加工，尺寸到60.2mm与80.2mm时开始用150mm的细齿中锉刀精锉。在达到60.10mm与80.10mm时开始用50mm的细齿小锉刀精锉，使平面度、直线度、粗糙度以及尺寸精度达到要求。

（2）平行面的检测

平行度的检测常用游标卡尺或千分尺。用游标卡尺检测时应尽量用下量爪的中部，而不要用下量爪的下尖部，另外用力要适度，这样测量出的尺寸才准确。用千分尺测量时两被测面要去毛刺，尺要平直，多点测量，量出的尺寸往往是较大值。

检测平行度也可以把工件放在平板上，用百分表进行测量。

5.6.3.2 对称面的加工与检测

（1）对称面的加工

对称面的加工一定要先加工好一边的尺寸（如图5-28所示），即先锯下1和2，留0.5~1mm的锉削余量，锉好尺寸45.08mm和高度30mm；然后才可以锯、锉3和4面，最后保证对称度0.05同时保证尺寸30mm。

笔记

值得注意的是，初学者通常把1、2和3、4一起锯下后直接锉，这样即使用深度千分尺也难保证工件的对称度了。

（2）对称度的检测

如图5-29所示，分别把3、4面放在平板上，用百分表测量1、2面到平板的尺寸L，两次测量的L差值的一半就是实际测量的对称度误差值。

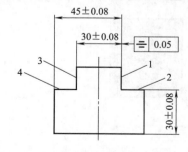

图5-28　对称面的加工

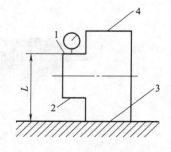

图5-29　对称度的检测

5.6.4 斜面的加工

5.6.4.1 常见斜面的角度

有角度的斜面在镶配件中应用广泛，常见的角度有30°、45°、55°、60°、90°、120°、135°、150°等，由于有了斜角后，许多尺寸无法用游标卡尺直接测量，而需要通过计算或其他方法获得，因此，准确划线与加工比外直角零件的加工要复杂一些。

5.6.4.2 特殊角度的划线

特殊角度的划线，通常是计算出数值后，用钢直尺与划针划线；可以用样板划线；也可以借助V形块、分度头或其他专用夹具进行划线。

现以图5-30为例讲述45°角度的划线的方法。∠BCD的BC、CD两边与基准边GF不平行，因此不能用高度尺直接划线，而是计算出AB、BD、DE的长度以及C点的高度后，用高度尺先划出B点、D点和C点的十字坐标点。然后用钢直尺与划针将BC、CD线连上。

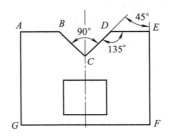

图5-30　角度的划线

也可用90° V形块的90°角作为划线工具，将∠GFE放入V形块上，CD边就变成了水平线了，可以直接用高度尺划出来。

5.6.4.3 斜面加工

根据以上划线，锯去斜面BC、CD各留0.5mm 的锉削余量，用三角锉或半圆锉锉平至尺寸。

5.6.4.4 角度的测量

① 90°角用刀口角尺测量，其他角度通常用万能角度尺来测量。
② 普通角度用角度样板检测如图5-31所示。

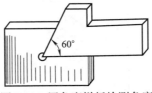

图5-31　用角度样板检测角度

③ 燕尾的测量。
测量燕尾的角度时，常使用角度样本或万能角度尺；而测量燕尾的尺寸时，一般采用间

笔记✐

接测量法，如图 5-32 所示。其测量尺寸 M 与尺寸 B、测量棒的直径 d 之间的计算式为：

$$B=M-d/2-d/2\arctan(\alpha/2)$$

式中　M——测量的读数值；

　　　d——测量棒的直径；

　　　B——斜面交点到侧面的距离；

　　　α——斜面的角度。

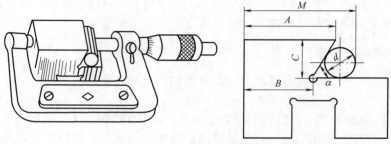

图 5-32　燕尾的测量

当图纸要求的尺寸为 A 时，则可按下式计算

$$A=B+C\arctan\alpha$$

式中　A——斜面与上平面交点到侧面的距离；

　　　B——斜面交点到侧面的距离；

　　　C——深度尺寸。

5.6.4.5　V形块的测量

（1）万能角度尺测量

如图 5-30 所示，$\angle BCD$ 等于 90°，由于要与中心线对称，所以不能简单地用 90°样板或刀口角尺直接测量，而应先保证 AB、DE 的长度值相等以及 $\angle ABC$ 和 $\angle CDE$ 的 135°，而用万能角尺测量 $\angle CDE$ 的 135°时，基尺以 DE 短边为基准进行测量，其误差通常较大。

实际测量中，通常以 EF 边为基尺的基准，测量 45°。因此加工基准与测量基准会有多次的转换，最后用游标卡尺测出 C 点到底边的距离（有误差）。

笔记

（2）间接测量

如图 5-33 所示　当要求尺寸为 H 时：

$$M=H+D/2+D/2\sin(\alpha/2)$$

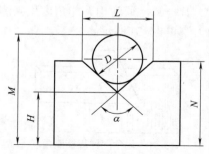

图 5-33　V形块的测量

当要求尺寸为 L 时

$$L/2\arctan(\alpha/2)=[N+D/2+D/2\sin(\alpha/2)]-M$$

式中　*M*——测量的读数值；

　　　D——测量棒的直径。

5.7　钳工的基本操作内容及要点

5.7.1　平面锉削练习

5.7.1.1　练习图及评分标准（如图5-34所示）

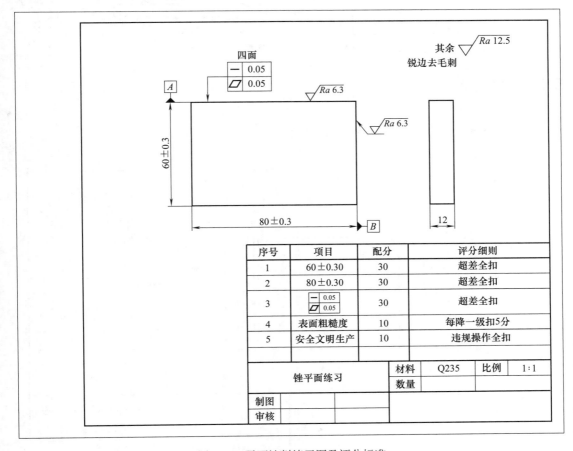

图5-34　平面锉削练习图及评分标准

序号	项目	配分	评分细则
1	60±0.30	30	超差全扣
2	80±0.30	30	超差全扣
3	⟋ 0.05 ▱ 0.05	30	超差全扣
4	表面粗糙度	10	每降一级扣5分
5	安全文明生产	10	违规操作全扣

5.7.1.2　加工准备

① 读图了解主视图与左视图，用锉刀将62mm×82mm×12mm的方铁工件锉到60mm× 80mm×12mm。

② 正确选择锉刀（加工大平面用300mm的大平锉）、并准备好锉削去屑用钢丝刷、小毛刷、刀口直尺和工件。

笔记 ✎

③ 安装工件。锉削时工件要夹牢，但不能夹变形；为了防止产生颤动和噪声，工件装夹时高出钳口要有15~25mm。两边要等高。

5.7.1.3 加工工件

正确握好锉刀、左手采用粗加工压力手势；在60mm×80mm×12mm的板材上练习锉削平面。首先用顺锉法锉基准面A到60.5时，用交叉锉法锉去中间的高点，然后再顺锉到尺寸60±0.3。

5.7.1.4 平面的检验测

平面的检验，一般用刀口形直尺作透光检验，其检验方法如图5-35所示。

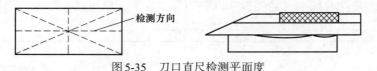

图5-35 刀口直尺检测平面度

5.7.2 锯削练习

5.7.2.1 练习图及评分标准（如图5-36所示）

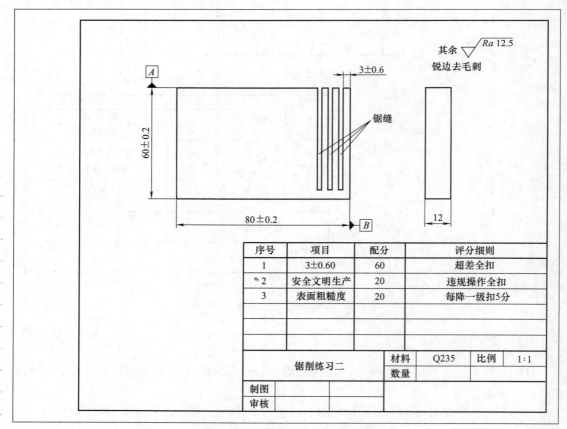

图5-36 锯削练习图及评分标准

5.7.2.2 加工准备

① 读图、划线、了解工件的尺寸及技术要求。
② 正确选择锯条并安装好锯条和工件；
③ 准备少许冷却润滑油。

5.7.2.3 加工工件

在60mm×80mm×12mm的板材上划几组3mm的平行线和2mm的锯缝线，从锯缝线之间锯下。

5.8 钳工实训案例

5.8.1 螺母螺栓制作

5.8.1.1 练习图及评分标准（如图5-37、图5-38所示）

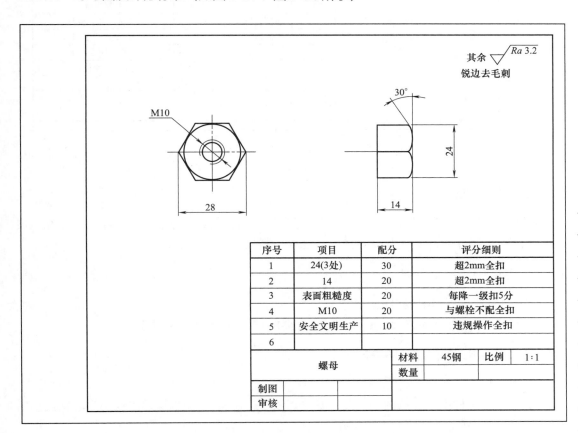

序号	项目	配分	评分细则
1	24(3处)	30	超2mm全扣
2	14	20	超2mm全扣
3	表面粗糙度	20	每降一级扣5分
4	M10	20	与螺栓不配全扣
5	安全文明生产	10	违规操作全扣
6			

螺母		材料	45钢	比例	1:1
		数量			
制图					
审核					

图 5-37　螺母练习图及评分标准

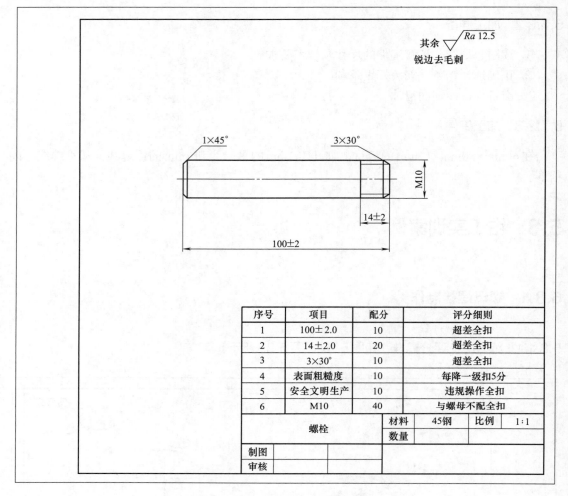

图 5-38　螺栓练习图及评分标准

序号	项目	配分	评分细则
1	100±2.0	10	超差全扣
2	14±2.0	20	超差全扣
3	3×30°	10	超差全扣
4	表面粗糙度	10	每降一级扣5分
5	安全文明生产	10	违规操作全扣
6	M10	40	与螺母不配全扣

螺栓		材料	45钢	比例	1:1
		数量			
制图					
审核					

5.8.1.2　加工准备

划针、划规、手锤、样冲、直角尺、游标卡尺、高度尺、手锯、锉刀、钻头、钻床、夹具及45圆钢。螺母备料尺寸为 $\phi28×13±2$，螺栓备料尺寸为 $\phi10×100$。

5.8.1.3　加工工件

螺母加工（见流程图表5-1）。

螺栓加工：锉外圆 $\phi9.8$ 保证长度 $13±1$；套M10螺纹；精加工工件至尺寸。

5.8.1.4　工件出现的问题及解决方法

（1）螺母

① 孔不在工件中心。按图纸的设计基准划线（正反面），敲准样冲眼；用中心钻或小钻头预钻定位孔，确定孔在圆心上再扩孔。

② 对边不平行。锉削时锉刀端平，第一边锉到宽13.8，留一点修正余量，锉对面时用

游标卡尺多测量，直到尺寸24.3mm。

③ 内螺纹乱扣或歪斜。两边攻螺纹容易出现内螺纹乱扣，起攻时要从前后、左右方向检查丝锥与工件的垂直情况，发现不垂直要立即纠正，攻螺纹时要加少许润滑油。

（2）螺栓

① 套的螺纹不垂直。板牙套入螺纹1~2牙后，应检查板牙的端面与工件是否垂直，如歪斜应及时纠正。

② 套的螺纹部分太长。在尺寸线长14mm处做记号。

表5-1　螺母加工流程图

序号	操 作 内 容	加 工 简 图
1	锯割螺母料φ28×13	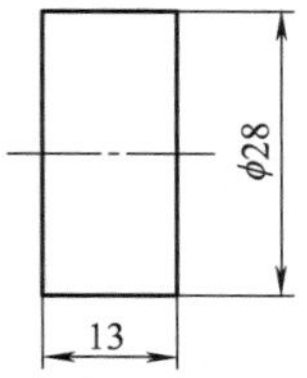
2	锉削螺母料总长,保证尺寸13±1,且A面与C面垂直,B面与C面垂直,A面与B面平行	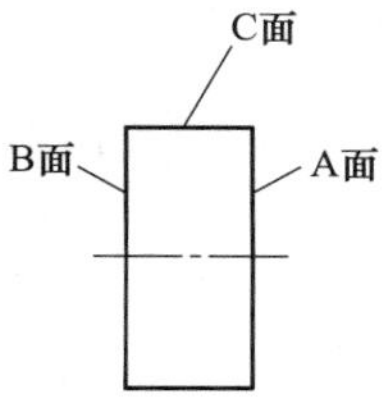
3	端面划线,划出六边形轮廓线	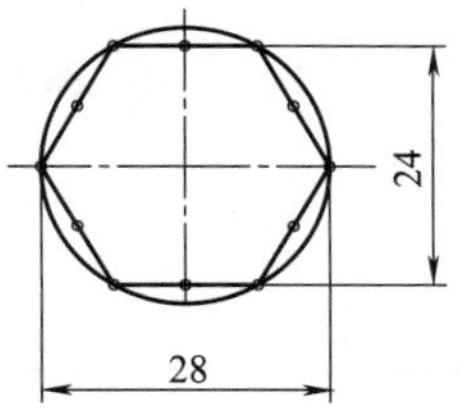
4	加工1面和4面。 要求:放线0.5mm,且1面与4面平行	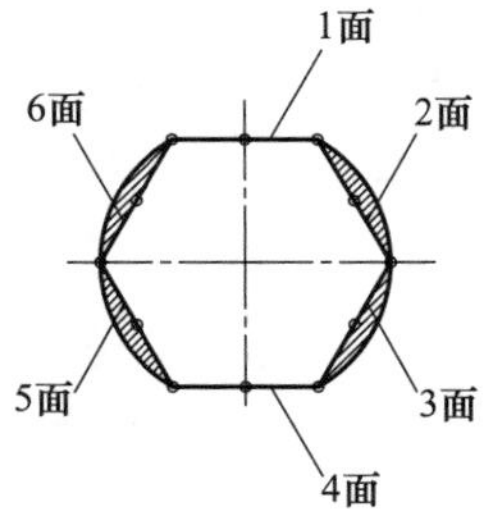
5	加工2面和5面。 要求:放线0.5mm,且2面与5面平行	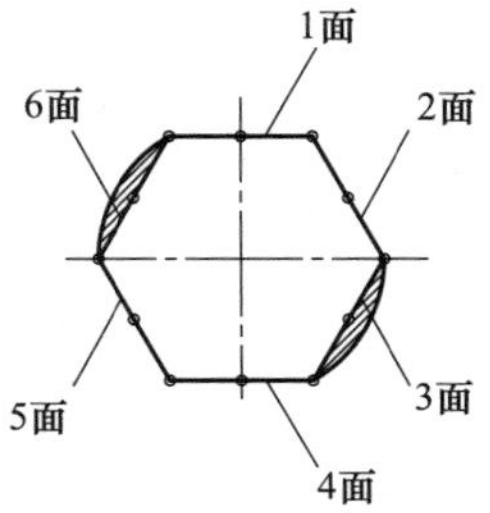

笔记✎

序号	操 作 内 容	加 工 简 图
6	加工3面和6面。 要求:放线0.5mm,且3面与6面平行	
7	对角连线,两条连线相交于中心。在中心打样冲眼	
8	在螺母中心钻螺纹底孔 $\phi8.5$,孔口倒角 $1\times45°$	
9	攻M10螺纹	
10	倒30°角	

5.8.2 小榔头制作

5.8.2.1 练习图及评分标准（如图5-39所示）

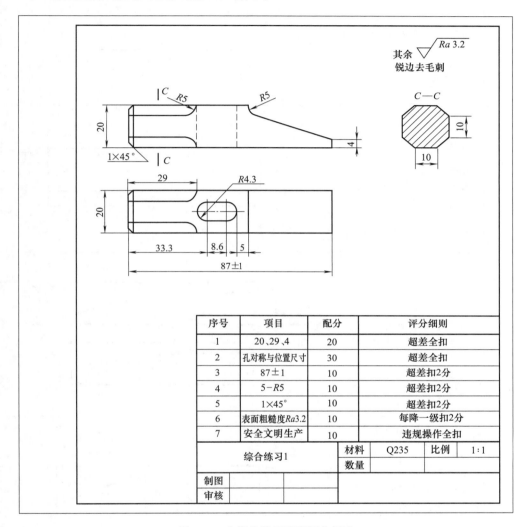

图5-39 小榔头练习图及评分标准

序号	项目	配分	评分细则
1	20、29、4	20	超差全扣
2	孔对称与位置尺寸	30	超差全扣
3	87±1	10	超差扣2分
4	5-R5	10	超差扣2分
5	1×45°	10	超差扣2分
6	表面粗糙度Ra3.2	10	每降一级扣2分
7	安全文明生产	10	违规操作全扣

综合练习1		材料	Q235	比例	1:1
		数量			
制图					
审核					

5.8.2.2 加工准备

（1）工具、量具

划针、划规、手锤、样冲、直角尺、游标卡尺、高度尺、手锯、锉刀、钻头、钻床。

（2）材料

45方钢棒料，规格20mm×20mm×88mm。

5.8.2.3 加工工件

见流程图表5-2。

表5-2 小榔头加工流程图

序号	操作内容	加工简图
1	锯宽20mm的方料为88mm长	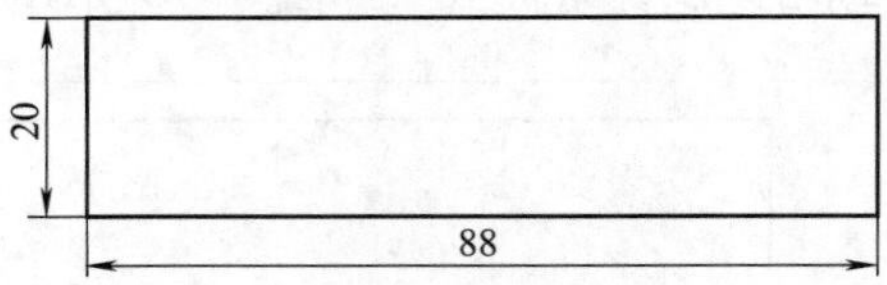
2	精锉一个基准面(A面或B面) 要求:基准面面与四周面垂直	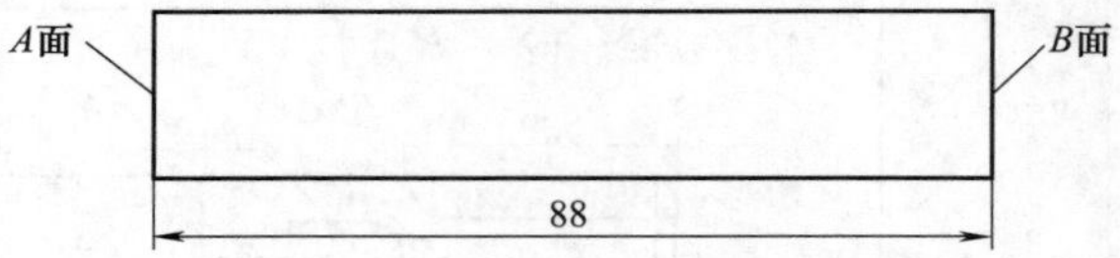
3	工件在平板上划线 要求:六面上全部划线	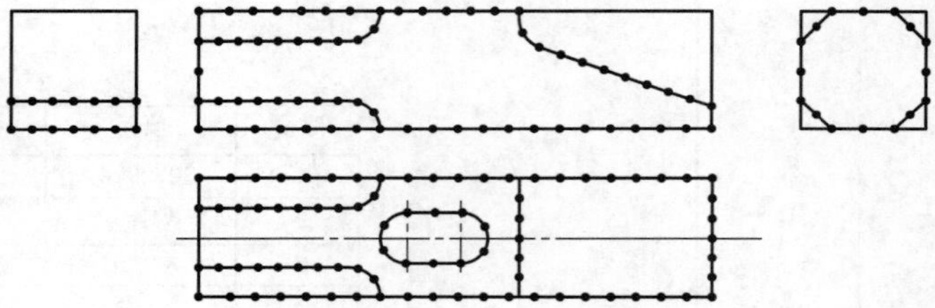
4	工件在台钻上钻孔 要求:用圆锉或小方锉加工腰形孔,腰形孔对称居中	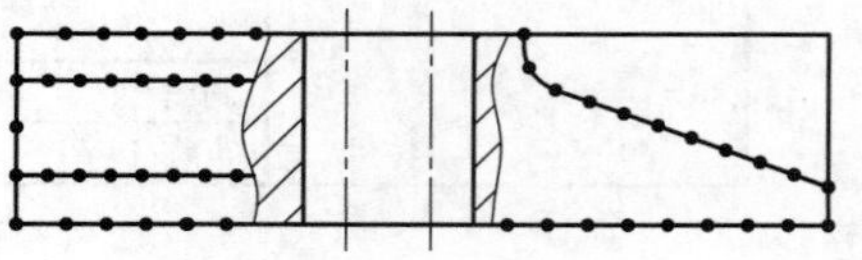
5	板锉锉八面体 要求:先做四个圆弧,后做对八面体	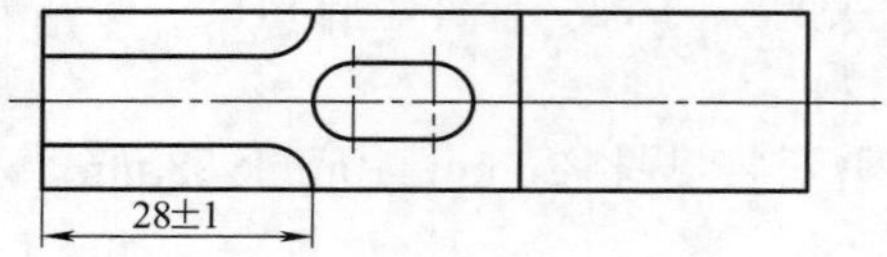

笔记

序号	操作内容	加工简图
6	小圆锉锉斜面圆弧	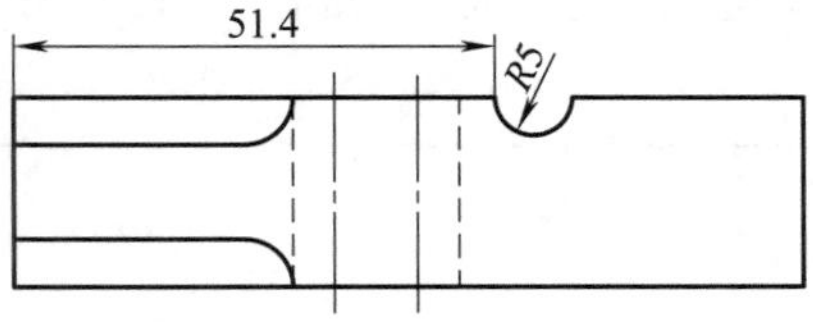
7	锯斜面 要求：工件斜夹，锯削时锯条沿斜线垂直于钳口	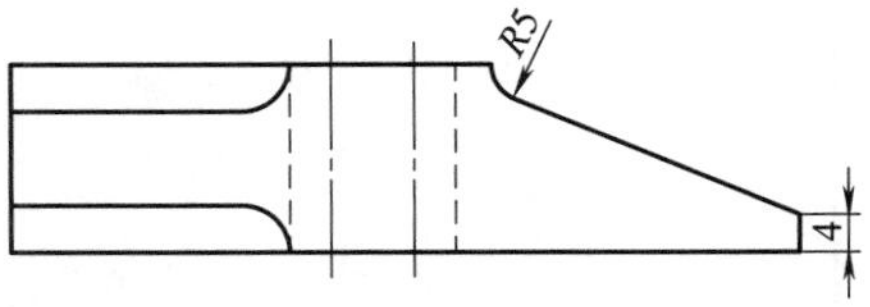
8	半精加工成形； 倒1×45°角	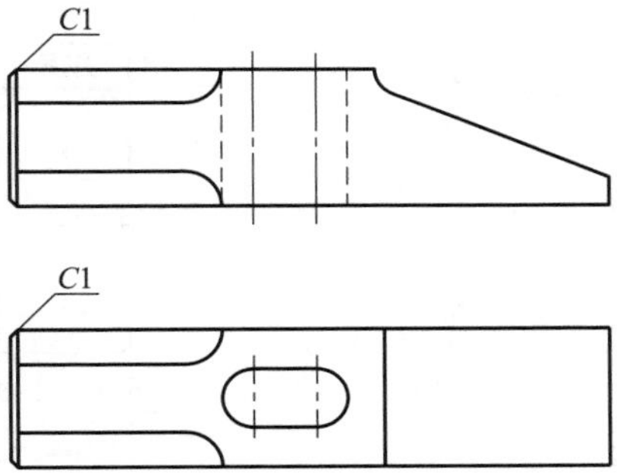
9	精加工成形 要求：保证各部分尺寸正确，表面粗糙度达到*Ra*3.2	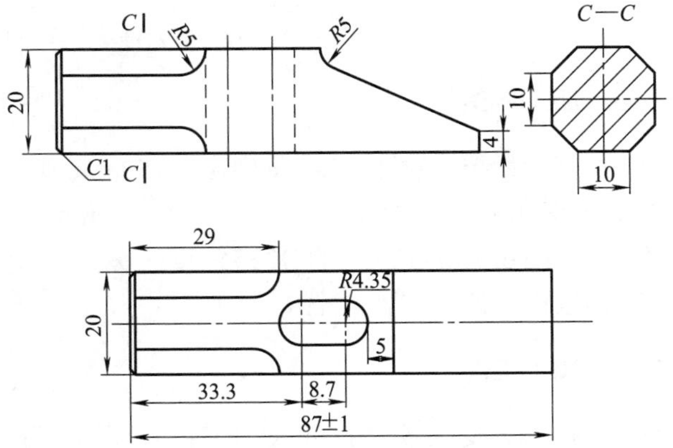

笔记 ✎

5.8.3 四方件的加工

5.3.8.1 练习图及评分标准（如图5-40所示）

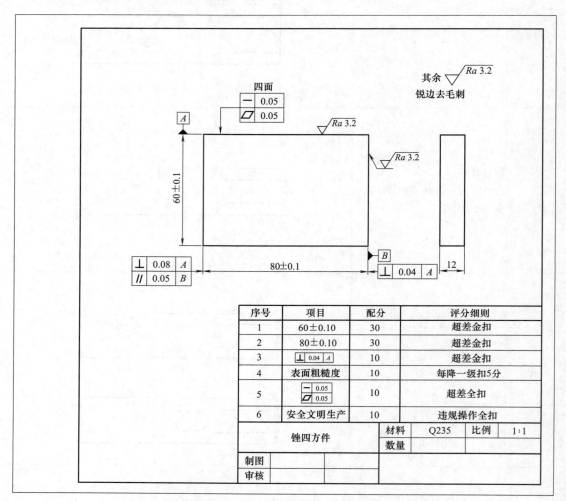

图5-40 四方件练习图及评分标准

序号	项目	配分	评分细则
1	60±0.10	30	超差全扣
2	80±0.10	30	超差全扣
3	⊥ 0.04 A	10	超差全扣
4	表面粗糙度	10	每降一级扣5分
5	— 0.05 / 0.05	10	超差全扣
6	安全文明生产	10	违规操作全扣

锉四方件		材料	Q235	比例	1:1
		数量			
制图					
审核					

5.3.8.2 加工准备

① 根据图纸要求准备300mm中齿、150mm细齿锉刀各一把。0~150mm游标卡尺、刀口角尺、万能角尺、50~75mm千分尺、75~100mm千分尺各一把。

② 82mm×62mm×12mm的Q235钢板一块。

③ 钢丝刷、油漆刷各一把。

5.3.8.3 加工工件

① 用顺锉、交叉锉和推锉来加工粗基准面和精基准面A，并在基准面上做一个标记。加工与之垂直的第二基准面B，同样做好标记。

② 划两精基准面的平行线，划线后按顺序加工垂直面和平行面（划两条线即安全线与标准线）。

③ 做完第四面时要同时检测平行度与垂直度，还要满足尺寸要求。

5.8.4 铰孔与排孔加工

5.8.4.1 练习图及评分标准（如图5-41所示）

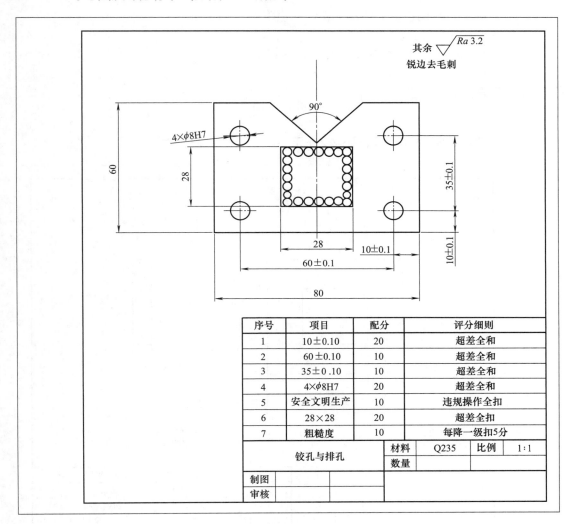

序号	项目	配分	评分细则
1	10±0.10	20	超差全和
2	60±0.10	10	超差全和
3	35±0.10	10	超差全和
4	4×φ8H7	20	超差全和
5	安全文明生产	10	违规操作全扣
6	28×28	20	超差全扣
7	粗糙度	10	每降一级扣5分

铰孔与排孔		材料	Q235	比例	1:1
		数量			
制图					
审核					

图5-41 铰孔与排孔练习图及评分标准

5.8.4.2 加工准备

① 根据图纸要求准备300mm中齿、150mm细齿锉刀各一把。0~150mm游标卡尺、刀口角尺、万能角尺、50~75mm千分尺、75~100mm千分尺各一把，φ4钻头、φ7.8钻头、φ8H7铰刀、φ8H7塞规。

② 钢丝刷、油漆刷各一把，润滑油少许。

③ 82mm×62mm×8mm的Q235钢板一块。

5.8.4.3 加工工件

① 划线（全部正反面划出）。

② 用ϕ4的钻头先在右下ϕ8的位置上试钻深为1~2mm的孔，用游标卡尺测出到两基准面的距离为8mm，在公差内就继续钻穿；误差大则调一面重试钻。

③ 在左下ϕ8的位置上试钻ϕ4，保证孔边距为56、到底边为8mm。

④ 在右上ϕ8的位置上试钻ϕ4，保证孔边距为31、到右边为8mm。

⑤ 最后在左上ϕ8的位置上钻ϕ4，保证孔边距为56与31mm。

⑥ 扩孔至ϕ7.8与铰孔ϕ8。

⑦ 在28×28的四方线内钻排孔，去除中心余料。

5.8.5 四方件镶配加工

5.8.5.1 练习图及评分标准（如图5-42所示）

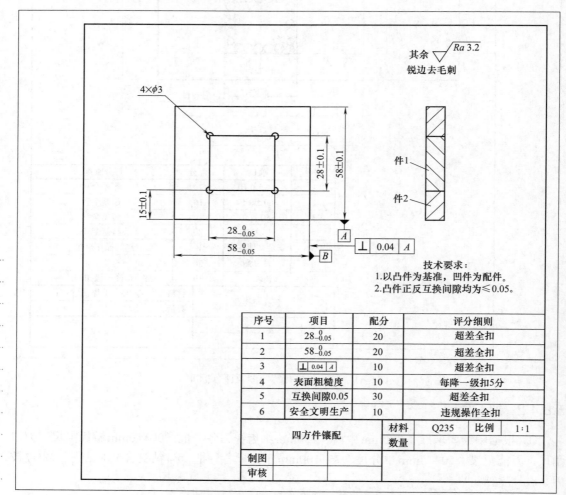

序号	项目	配分	评分细则
1	$28_{-0.05}^{0}$	20	超差全扣
2	$58_{-0.05}^{0}$	20	超差全扣
3	⊥ 0.04 A	10	超差全扣
4	表面粗糙度	10	每降一级扣5分
5	互换间隙0.05	30	超差全扣
6	安全文明生产	10	违规操作全扣

技术要求：
1.以凸件为基准，凹件为配件。
2.凸件正反互换间隙均为≤0.05。

四方件镶配		材料	Q235	比例	1:1
		数量			
制图					
审核					

图5-42 四方件镶配练习图及评分标准

5.8.5.2 加工准备

① 根据图纸要求准备300mm中齿锉刀、150mm细齿锉刀、50mm细齿锉刀各一把，三角锉、半圆锉。0~150mm游标卡尺、塞尺刀口角尺、万能角尺，50~75mm千分尺、75~100mm千分尺各一把，$\phi 3$钻头、$\phi 4$钻头。

② 60mm×60mm×8mm与30mm×30mm×8mm的Q235钢板各一块。

③ 钢丝刷、油漆刷各一把，润滑油。

5.8.5.3 加工工件

（1）先锉准四方体件1

件1为边长$28^{0}_{-0.05}$的正方形，四侧面的平面度、垂直度、平行度均为0.04mm，与基准面A的垂直度为0.04mm。因外形面作为测量基准，锉配前必须先保证选定基准面的精度要求。

（2）锉配四方体件2

① 锉外四方形体。锉四面保证尺寸$58^{0}_{-0.05}$及形位公差。尺寸精度、平行度用千分尺测量，垂直度在平板上用90°角尺测量。

② 锉配内四方形体。锉配内四方形体时，可先在四交角处钻$\phi 3$工艺孔以获得内棱清角。检查内四方形各表面之间的垂直度，可用外四方形作为基准检查。

（3）精锉修整各面

用透光法检查接触部位，并进行修整。最后做转位互换的修整，达到能转位互换的要求。

5.8.5.4 检验

倒钝锐边，用塞尺检查配合精度。

5.8.6 鲁班锁的制作

如图5-43所示是方形鲁班锁装配后的结构图，它由六个不同形状结构的方块料拼装而成，六块料环环相扣，结构巧妙。每一块料的尺寸和结构如图5-44、图5-45、图5-46、图5-47、图5-48、图5-49所示。

图5-43 鲁班锁

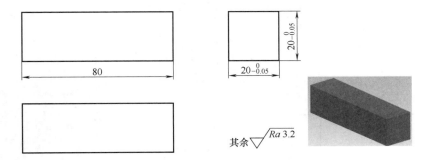

图5-44 料1的尺寸和结构图

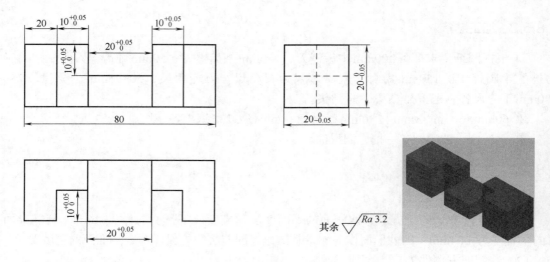

图 5-45　料 2 的尺寸和结构图

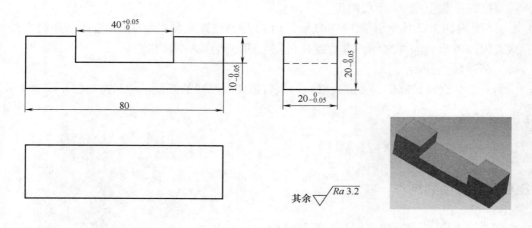

图 5-46　料 3 的尺寸和结构图

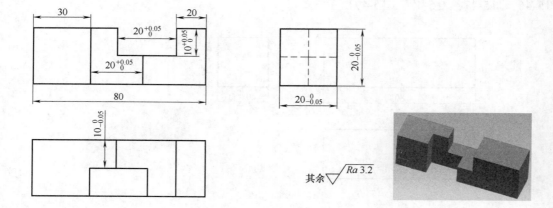

图 5-47　料 4 的尺寸和结构图

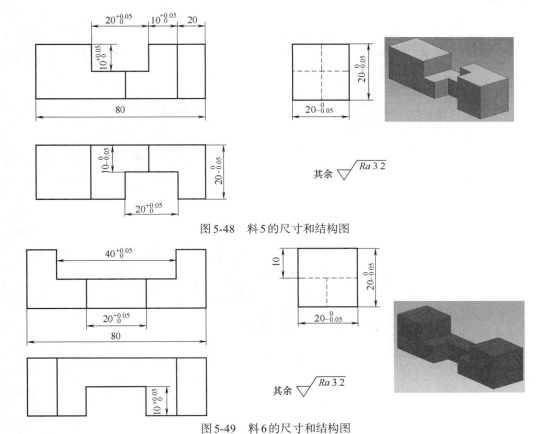

图 5-48 料 5 的尺寸和结构图

图 5-49 料 6 的尺寸和结构图

鲁班锁制作加工要点：

① 根据分工选定的图纸，制定简单工艺和选择加工工具。

② 每一块方料先加工好划线基准面，根据图纸要求划线，并且把去除部分用颜色标出。

③ 通常采用锯削把多余部分去除，注意在台虎钳上夹持的方法。

④ 缺口处用锉刀精加工，注意尺寸和位置公差。一定要注意用三角锉把清角修干净（否则装配时会干涉）。可用一号课件当样规检测。

笔记

⑤ 六块方料加工完后，按照装配顺序进行装配，如图 5-50 所示。

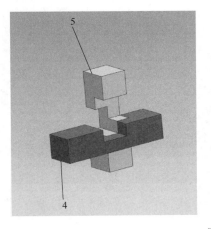
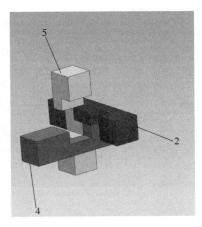

图 5-50

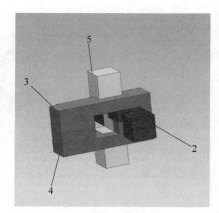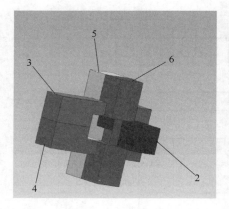

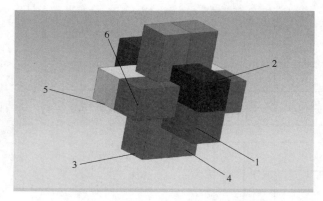

图 5-50　鲁班锁装配顺序图

✎笔记

模块 **6**

铸造、焊接

6.1 铸造概述

将液态金属浇注到铸型中，待其冷却凝固后，获得一定形状和性能的零件和毛坯的成形方法称为铸造。铸造是生产机器零件、毛坯的主要方法之一，其实质是液态金属逐步冷却凝固而成形。与其他成形方法相比，具有下列特点：

① 成形方便，工艺灵活性大 铸件的轮廓尺寸可由几毫米到数十米。可生产形状简单或十分复杂的零件，对于具有复杂内腔的零件，铸造是最好的成形方法。

② 成本低廉，设备简单，周期短。铸件所用材料来源广泛、价格低廉，并可直接利用废机件和金属废料。一般情况下，铸造生产不需要大型、精密设备。

③ 工业中常用的金属材料均可用铸造方法制成铸件，有些材料（如铸铁、青铜）只能用铸造方法来制造零件或毛坯。

④ 铸件的力学性能较差，质量不够稳定，液态金属在冷却凝固过程中形成的晶粒较粗大，容易产生气孔、缩孔和裂纹等缺陷。所以铸件的力学性能不如相同材料的锻件好，而且存在生产工序多、铸件质量不稳定、废品率高、工作条件差、劳动强度较高等问题。随着生产技术的不断发展，铸件性能和质量正在进一步提高，劳动条件正逐步改善。

铸造一般按造型方法来分类，习惯上分为砂型铸造和特种铸造。特种铸造主要包括熔模铸造、金属型铸造、离心铸造、压力铸造等。

6.2 砂型铸造

砂型铸造就是将液态金属浇入砂型的铸造方法，是目前最常用、最基本的铸造方法，其造型材料来源广泛、价格低廉，所用设备简单、操作方便灵活，不受铸造金属种类、铸件形状和尺寸的限制，并适合于各种生产规模。

6.2.1 砂型铸造的工艺过程

砂型铸造的工艺过程，如图6-1所示。

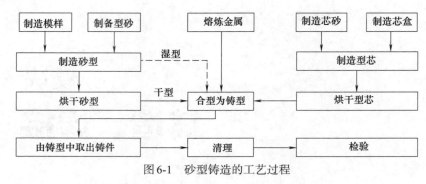

图6-1　砂型铸造的工艺过程

图6-2所示为砂型铸造生产套筒铸件的工艺流程示意图。

首先，根据零件的形状和尺寸设计并制造出模样和芯盒，配制好型砂和芯砂。然后用型砂和模样在砂箱中制造砂型，用芯砂在芯盒中制造型芯，并把砂芯装入砂型中，合箱得到完整的铸型。将金属液浇入铸型型腔，冷却凝固后落砂清理，即得所需铸件。

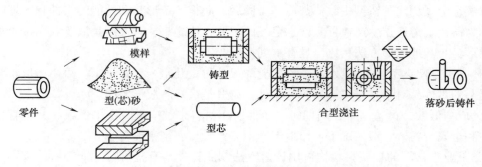

图6-2　砂型铸造生产套筒铸件的工艺流程

6.2.2　造型材料

造型材料是指用于制造砂型（芯）的材料，主要包括型砂、芯砂和涂料。造型材料质量的优劣，对铸件质量具有决定性的影响。为此，应合理地选用和配制造型材料。

型砂主要由原砂、黏结剂、附加物、水、旧砂按比例混合而成。根据型砂中采用黏结剂种类的不同，型砂可分为黏土砂、树脂砂、水玻璃砂、油砂等。黏土砂是最早使用的型砂，树脂砂是目前广泛应用的型砂。

6.2.3　造型方法

用型砂及模样等工艺装备制造铸型的过程称为造型。造型方法可分为手工造型和机器造型两大类。

（1）手工造型

手工造型是全部用手工或手动工具紧实型砂的造型方法，其操作灵活，无论铸件结构复杂程度、尺寸大小如何，都能适应。因此在单件、小批量生产中，特别是不能用机器造型的重型复杂铸件，常采用手工造型。手工造型生产率低，铸件表面质量差，要求工人技术水平高，劳动强度大。随着现代化生产的发展，机器造型已代替了大部分的手工造型。机器造型不但生产率高，而且质量稳定，是成批大量生产铸件的主要方法。

手工造型的方法很多，按砂箱特征分有两箱造型、三箱造型等，按模样特征分有整模造型、分模造型、挖砂造型、假箱造型、活块造型和刮板造型等。各种手工造型方法的特点和应用，见表6-1。

表6-1　各种手工造型方法的特点和适用范围

造型方法名称		主要特征	适用范围	简图
按模样特征分	整模造型	模样为整体，分型面是平面，铸型型腔全部在一个砂型内，造型简单	最大截面位于一端，并且为平面的简单铸件的单件，如齿轮毛坯、带轮等	
	分模造型	模样在最大截面处分开，型腔位于上、下型中，操作较简单	最大截面在中部的铸件，常用于回转体类等铸件，如套类、管类及阀体等	
	挖砂造型	整体模样，分型面为一曲面，需挖去阻碍起模的型砂才能取出模样，对工人的操作技能要求高，生产率低	适宜中小型、分型面不平的铸件单件、小批量生产	
	假箱造型	为了克服上述挖砂造型的缺点，在造型前特制一个底胎（假箱），然后在底胎上造下箱。由于底胎不参加浇注，故称假箱。此法比挖砂造型简便，且分型面整齐	用于成批生产需挖砂的铸件	
	活块造型	当铸件上有妨碍起模的小凸台、肋板时，制模时将它们做成活动部分。造型起模时，先起出主体模样，然后再从侧面取出活块。造型生产率低，要求工人技术水平高	主要用于带有突出部分难以起模的铸件的单件、小批量生产	
	刮板造型	刮板形状和铸件截面相适应，代替实体模样，可省去制模的工序，大大节约木材、缩短生产周期。但造型生产率低，要求工人技术水平高，铸件尺寸精度差	主要用于等截面或回转体大、中型铸件的单件、小批量生产，如大带轮、铸管、弯头等	
	三箱造型	铸件的最大截面位于两端，必须用分开模、3个砂箱造型，模样从中箱两端的两个分型面取出。造型生产率低，且需合适的中箱	主要用于手工造型，单件、小批量生产具有两个分型面的中、小型铸件	

笔记🖉

（2）机器造型

用机器全部完成或至少完成紧砂操作的造型工序，称为机器造型。机器造型生产效率高，改善劳动条件，对环境污染小。机器造型铸件的尺寸精度和表面质量高，加工余量小。

但设备和工艺装备费用高，生产准备时间较长，适用于中、小型铸件成批或大批量生产。

① 紧砂方法。目前，机器造型绝大部分是以压缩空气为动力来紧实型砂的。机器造型的紧砂方法分压实、震压、抛砂、射砂四种基本形式，其中震压式应用最广。图 6-3 所示为压实紧砂示意图。压实紧砂是利用压头的压力将砂箱内的型砂紧实，生产率高，但沿砂箱高度方向的紧实度不够均匀，一般越接近模底板，紧实度越差。因此只适用于高度不大的砂箱。图 6-4 所示为震压紧砂示意图。震压紧砂机构工作时，首先将压缩空气自震实进气口引入震实气缸，使震实活塞带动工作台及砂箱上升，震动活塞上升使震实气缸的排气孔露出压气排出，工作台便下落，完成一次震动。如此反复多次，将型砂紧实。这种紧砂方法，使型砂紧实密度均匀。图 6-5 所示为抛砂紧实示意图，它是利用抛砂机头的电动机驱动高速叶片（900~1500r/min）连续地将传送带送来的型砂在机头内初步紧实，并在离心力的作用下，型砂呈团状被高速（30~60m/s）抛到砂箱中，使型砂逐层地紧实，同时完成填砂和紧实，生产效率高，型砂紧实密度均匀，抛砂机适应性强，可用于任何批量的大、中型铸型或大型芯的生产。图 6-6 所示为射砂紧实示意图，主要用于造芯。

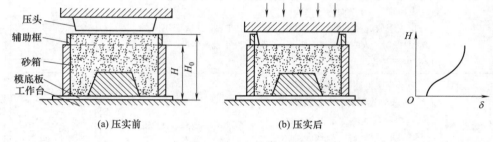

图 6-3　压实紧砂示意图

② 起模方法。型砂紧实以后，就要从型砂中正确地把模样起出，使砂箱内留下完整的型腔。造型机大都装有起模机构，其动力也多半是应用压缩空气，目前应用最广泛的起模机构有顶箱、漏模、翻转 3 种。

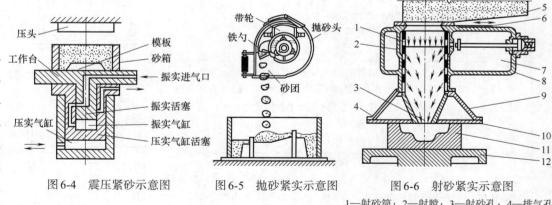

图 6-4　震压紧砂示意图　　图 6-5　抛砂紧实示意图　　图 6-6　射砂紧实示意图

1—射砂筒；2—射腔；3—射砂孔；4—排气孔；
5—砂头；6—砂闸板；7—进气阀；8—储气筒；
9—射砂头；10—射砂板；11—芯盒；12—工作台

a. 顶箱起模。图 6-7（a）所示为顶箱起模示意图。型砂紧实后，开动顶箱机构，使 4 根顶杆自模板 4 角的孔中上升，而把砂箱顶起。此时固定模型的模板仍留在工作台上，这样就完成起模工序。顶箱起模的造型机构比较简单，但起模时易漏砂，因此只适用于型腔简单，且高度较小的铸型。多用于制造上箱，以省去翻箱工序。

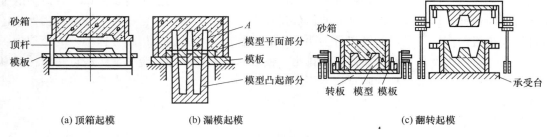

(a) 顶箱起模　　　　(b) 漏模起模　　　　(c) 翻转起模

图6-7　起模方法示意图

b. 漏模起模。图6-7（b）所示为漏模起模示意图。为避免起模时掉砂，将模型上难以起模的部分做成可以从漏板的孔中漏下。即将模型分成两部分，模型本身的平面部分固定在模板上，模型上各凸起部分可向下抽出。在起模时，由于模板托住图中A处的型砂，因而可避免掉砂。漏模起模机构一般用于形状复杂或高度较大的铸型。

c. 翻转起模。图6-7（c）所示为翻转起模示意图。型砂紧实后，砂箱夹持器将砂箱夹持在造型机转板上，在翻转气缸推动下，砂箱随同模板、模型一起翻转180°；然后承受台上升接住砂箱后，夹持器打开，砂箱随承受台下降，与模板脱离而起模。这种起模方法不易掉砂，适用于型腔较深、形状复杂的铸型。由于下箱通常比较复杂，且本身为了合箱的需要，也需翻转180°，因此翻转起模多用来制造下箱。

6.2.4　浇注系统

浇注系统是为金属液流入型腔，而开设于铸型中的一系列通道。其作用是：平稳、迅速地注入金属液，阻止熔渣、砂粒等进入型腔，调节铸件各部分温度，补充金属液在冷却和凝固时的体积收缩。

（1）浇注系统的组成

浇注系统通常由浇口杯、直浇道、横浇道、内浇道和冒口组成，如图6-8所示。

① 浇口杯。其作用是容纳注入的金属液，并缓解液态金属对砂型的冲击。小型铸件通常为漏斗状，较大型铸件为盆状（称浇口盆）。

② 直浇道。它是连接外浇口与横浇道的垂直通道。改变直浇道的高度可以改变金属液的静压力大小和金属液的流动速度，从而改变液态金属的充型能力。如果直浇道的高度或直径太小，会使铸件产生浇不足的现象。为便于取出直浇道棒，直浇道一般做成上大、下小的圆锥形。

③ 横浇道。它是将直浇道的金属液引入内浇道的水平通道，一般开设在砂型的分型面上，其截面形状一般是高梯形，并位于内浇道的上面。横浇道的主要作用是分配金属液进入内浇道，并起挡渣作用。

④ 内浇道。它直接与型腔相连，并能调节金属液流入型腔的方向和速度，调节铸件各部分的冷却速度。内浇道的截面形状一般是扁梯形和月牙形，也可为三角形。

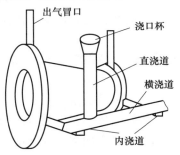

图6-8　浇注系统

⑤ 冒口。常见的缩孔、缩松等缺陷，是由于铸件冷却凝固时体积收缩而产生的。为防止缩孔和缩松，往往在铸件的顶部或厚大部位，以及最后凝固的部位设置冒口。冒口中的金属液可不断地补充铸件的收缩，从而使铸件避免出现缩孔、缩松。冒口除了补缩作用外，还有排气和集渣的作用。常用的冒口分为明冒口和暗冒口。冒口的上口露在铸型外的，称为明冒口。明冒口的优点是有利于型内气体排出，便于从冒口中补加热金属液；缺点是消耗金属液多。位于铸型内的冒口称为暗冒口，浇注时看不到金属液冒出。其优点是散热面积小，补缩效率高，利于减小金属液消耗。冒口是多余部分，清理时要切除掉。

（2）浇注系统的类型

① 浇注系统按熔融金属导入铸型的位置，可分为以下3种。

a. 顶注式浇注系统。从铸型顶部导入熔融金属，其特点是补缩作用好、金属液消耗少；但金属液对铸型的冲击大，易产生砂眼等缺陷。适用于形状简单、高度小的铸件。

b. 底注式浇注系统。从铸型底部导入熔融金属，其特点是金属液对铸型的冲击小，有利于排气、排渣；但不利于补缩，易产生浇不到缺陷。适用于大、中型尺寸，壁部较厚、高度较大、形状复杂的铸件。

c. 阶梯式浇注系统。在铸型的高度方向上，从底部开始，逐层在不同高度上导入熔融金属，具有顶注式和底注式的优点，主要用于高大和形状较复杂的薄壁铸件。

② 浇注系统按各浇道横截面积的关系，可分为封闭式和开放式两种。

a. 封闭式。封闭式浇注系统的直浇道出口横截面积大于横浇道截面积，横浇道出口横截面积又大于内浇道截面积，其特点是金属液易于充满各通道，挡渣作用好，但对铸型的冲击力大。一般适用于灰铸铁件。

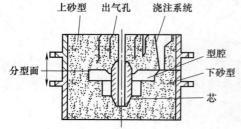

图6-9 两箱造型合型后的铸型结构

b. 开放式。开放式浇注系统正好相反，金属液能较快地充满铸型，冲击小，但挡渣效果差。一般用于薄壁和尺寸较大的铸件。

将铸型的各组元（上型、下型、芯、浇口杯等）组合成一个完整铸型的过程，称为合型。图6-9所示是两箱造型合型后的铸型结构。合型时，应检查铸型内腔是否清洁，芯是否完好无损；芯的安放要准确、牢固，防止偏芯；砂箱的定位应当准确，以防错型。

6.2.5 铸铁的熔炼和浇注

（1）铸铁的熔炼

铸铁熔炼不仅仅是单纯的熔化，还包括冶炼过程，使浇进铸型的铁液，在温度、化学成分和纯净度方面都符合预期要求。

冲天炉熔炼是目前常用且经济的熔炼方法，其炉料主要有金属料、燃料和熔剂3部分。

金属料一般采用高炉生铁、回炉料、废钢和铁合金；燃料采用焦炭；熔剂采用石灰石和萤石，其主要作用是造渣。

电炉熔炼能准确调整铸铁液成分、温度，能保证铸件的质量，适合于过热和精炼，但耗电量大。冲天炉-感应电炉双联熔炼是采用冲天炉熔化铸铁，利用电炉进行过热、保温、储存、精炼，以确保铸铁液的质量。

 笔记

（2）浇注

浇注是指将熔融金属从浇包中浇入铸型的操作。为保证铸件质量，应对浇注温度和速度加以控制。

铸铁的浇注温度为液相线以上200℃（一般为1250~1470℃）。若浇注温度过高，金属液吸气多、体收缩大，铸件容易产生气孔、缩孔、黏砂等缺陷；若浇注温度过低，金属液流动性差，铸件易产生浇不到、冷隔等缺陷。

浇注速度过快会使铸型中的气体来不及排出而产生气孔，并易造成冲砂；浇注速度过慢，使型腔表面烘烤时间长，导致砂层翘起脱落，易产生夹砂结疤、夹砂等缺陷。

6.2.6 落砂、清理与检验

落砂是指用手工或机械方法使铸件与型（芯）砂分离的操作。落砂应在铸件充分冷却后进行，若落砂过早，铸件的冷速过快，会使灰铸铁表层出现白口组织，导致切削困难；若落砂过晚，由于收缩应力大，会使铸件产生裂纹，且影响生产率。因此，浇注后应及时进行落砂。

清理是指对落砂后的铸件清除表面黏砂、型砂、多余金属（包括浇冒口、飞翅和氧化皮）等过程。清理后，应对铸件进行检验，并将合格铸件进行去应力退火。

6.3 焊接概述

焊接

焊接是一种永久性连接金属材料的工艺方法，在现代工业生产中占有十分重要的地位。焊接过程的实质是利用加热或加压等手段，借助于金属原子的结合与扩散作用，使分离的金属材料牢固地连接起来。焊接方法的种类很多，按焊接过程的特点可分为3类。

① 熔化焊。将焊件两部分的结合处加热到熔化状态，并形成共同的熔池，一般还要同时熔入填充金属，待熔池冷却结晶后形成牢固的接头，将焊件的两部分焊接成为一个整体。常用的熔焊有电弧焊、气焊、电渣焊、电子束焊、激光焊和等离子弧焊等。

② 压力焊。将焊件两部分的接合表面迅速加热到高度塑性状态或表面局部熔化状态，同时施加压力，使接头表面紧密接触，并产生一定的塑性变形。通过原子的扩散和再结晶，将焊件的两部分焊接起来。常用的压焊有电阻焊、摩擦焊、扩散焊、爆炸焊、冷压焊和超声波焊等。

③ 钎焊。在焊件两部分的接头之间，熔入低熔点的钎料，通过原子的熔解和扩散，钎料凝固后就把焊件的两部分焊接在一起。常用的钎焊有锡焊、铜焊等。

焊接与其他加工方法相比，具有减轻结构重量、节省材料、生产效率高、易实现机械化和自动化、接头密封性好、力学性能高、工作过程中无噪声等优点。其不足之处是会引起焊接接头组织、性能的变化，同时焊件还会产生较大的应力和变形。

焊接主要用于制造各种金属构件，如建筑结构、船体、车辆、锅炉及各种压力容器。此外，焊接也常用于制造机械零件，如重型机械的机架、底座、箱体、轴、齿轮等。

笔记

6.4 手工电弧焊

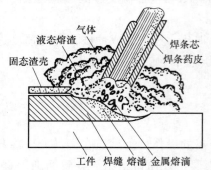

手工电弧焊是目前最常用的焊接方法，图6-10所示为手工电弧焊过程示意图。它依靠焊条与工件之间所产生的高温电弧，使工件接头处的表层金属迅速熔化，同时焊条的端部也陆续熔化，填入接头空隙，共同组成熔池。药皮也在高温下分解并熔化，产生大量保护性气体，保护熔池免受空气的侵害。药皮熔化后，还可以形成一层焊渣覆盖在熔池上面，也起到保护作用。当焊条向前运动时，旧熔池的金属随即凝固，同时又形成新的熔池。这样就构成了连续的焊缝，把工件的两部分焊接成一体。因为手工电弧焊的操作机动灵活，所以能在多种场合和空间焊接各种形式的接头。

图6-10 手工电弧焊过程示意图

6.4.1 焊接电弧

由焊接电源供给的、具有一定电压的两电极间或电极与母材间，通过气体介质产生的强烈而持久的放电现象，称为焊接电弧。

（1）引弧

电弧焊时，引燃焊接电弧的过程称为引弧。引弧开始时，先使焊条与焊件瞬时接触，因电路短路而产生高热，使接触处金属很快熔化并产生金属蒸气。当焊条迅速提起，离开焊件2~4mm时，焊条与焊件间充满了高温气体和气态的金属，由于质点热运动的相互碰撞及焊接电压的作用使气体电离而导电，在焊条与焊件间形成电弧。

焊接电弧由阴极区、弧柱和阳极区组成，如图6-11所示。阳极区产生的热量约占电弧总热量的42%，温度较高；阴极区产生的热量占电弧总热量的38%左右，温度较低。

笔记

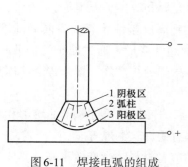

图6-11 焊接电弧的组成

1 阴极区
2 弧柱
3 阳极区

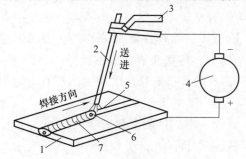

图6-12 焊条电弧焊焊接过程
1—焊件；2—焊条；3—焊钳；4—电焊机；
5—焊接电弧；6—熔池；7—焊缝

（2）正接与反接

由于焊接电弧发出的热量在阳极区和阴极区有差异，因此，在使用直流电焊接时就有正接和反接两种不同的接法。如图6-12所示，焊件接电源正极、电极（焊条）接电源负极的接线法称为正接，多用于熔点较高的钢材和厚板料的焊接；焊件接电源负极、电极（焊条）接电源正极的接线法称为反接，多用于铸铁、有色金属及其合金或薄钢板的焊接。

当使用交流电焊接时，由于极性是交替变化的，因此，阴极区与阳极区（瞬时）上的热量分布和温度基本相等，没有正接与反接之分。

6.4.2　焊条电弧焊设备

焊条电弧焊的主要设备是电焊机，实际上是一种弧焊电源。按产生电流种类不同，可分为直流弧焊机和交流弧焊机。

（1）直流弧焊机

直流弧焊机分焊接发电机和弧焊整流器两种。

① 焊接发电机。焊接发电机由交流电动机和直流电焊发电机组成。采用焊接发电机焊接时，电弧稳定，能适应各种焊条；但结构较复杂，噪声大，成本高。主要适用于小电流焊接。在用低氢型焊条焊接合金结构钢和有色金属时，需选用直流电焊机。

② 弧焊整流器。弧焊整流器是一种将交流电通过整流转换为直流电的直流弧焊机。与焊接发电机相比，弧焊整流器没有旋转部分，结构简单、维修容易、噪声小，使用已趋普遍。

（2）交流弧焊机

交流电焊机又称弧焊变压器，它实际上是一种特殊的降压变压器。它将220V或380V的电压降到60~80V（即焊机的空载电压），以满足引弧的需要。焊接时，电压会自动下降到电弧正常工作时所需的工作电压20~30V。交流电焊机结构简单、制造方便、价格便宜、节省电能、使用可靠、维修方便，但电弧不太稳定，是常用的焊条电弧焊设备。

6.4.3　电焊条

（1）焊条的组成

手工电弧焊焊条由焊条芯和药皮（涂料）两部分组成，焊条芯起导电和填充焊缝金属的作用；药皮则用于保护焊接顺利进行，并使焊缝得到一定的化学成分和力学性能。下面主要介绍焊接结构钢的焊条。

① 焊芯是焊条中被药皮包覆的金属芯。主要作用是导电、产生电弧、提供焊接电源，并作为焊缝的填充金属，与熔化的母材一起形成焊缝。焊芯的化学成分和杂质直接影响到焊缝的质量。因此，焊芯都是专门冶炼的，碳、硅含量较低，硫、磷含量极少，通常采用专用钢丝。直径为3.2~5.0mm的焊芯应用最广。

② 药皮是压涂在焊芯表面的涂料层，由矿石粉和铁合金粉等原料按一定比例配制而成。它的作用是使电弧容易引燃，并且稳定燃烧，保护熔池内金属不被氧化，保证焊缝金属具有良好的力学性能。

（2）焊条的选用

焊条的选择应在保证焊接质量的前提下，尽可能地提高劳动生产率和降低产品成本。一般应从以下几个方面考虑。

笔记

① 根据被焊结构的化学成分和性能要求选择相应的焊条种类。例如，对于低、中碳钢和普通低合金钢的焊接，一般按母材的强度等级选择相应强度等级的焊条；对于耐热钢和不锈钢的焊接，选用与工件化学成分相同或相近的焊条等。

② 对承受动载荷、冲击载荷或形状复杂，厚度、刚度大的焊件时，应选用碱性焊条；若被焊件在腐蚀性介质中工作，应选用不锈钢焊条。

③ 根据焊件的工作条件和结构特点选用焊条。例如，立焊、仰焊时，可选用全位置焊接的焊条；焊接部位无法清理干净时，应选用酸性焊条等。

④ 在酸性焊条和碱性焊条都能满足要求的情况下，应尽量选用酸性焊条；需提高焊缝质量，应选用碱性焊条。

此外，应考虑焊接工人的劳动条件、生产率及经济合理性等，在满足使用性能要求的前提下，尽量选用无毒（或少毒）、生产率高、价格便宜的焊条。

6.4.4 焊条电弧焊工艺

（1）接头形式

焊接碳钢和低合金钢的基本接头形式有对接接头、角接接头、T形接头和搭接接头等，如图6-13所示。一般根据结构的形状、强度要求，工件厚度，焊接材料消耗量及其焊接工艺等来选择接头形式。

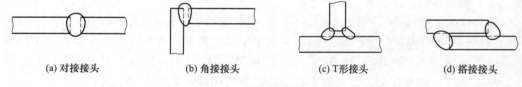

(a) 对接接头　　(b) 角接接头　　(c) T形接头　　(d) 搭接接头

图6-13　常用焊接接头形式

（2）坡口形式

笔记

焊条电弧焊对接板厚度在6mm以下时，一般不开坡口，只需在接口处留有一定间隙，以保证焊透。对于较厚的工件，为了使焊条能深入到接头底部起弧，保证焊透，焊前应把接头处加工成所需要的几何形状，称为坡口。常用的坡口形式如图6-14所示，一般采用I形坡口直接对接。V形坡口通常只需单面施焊，但焊后变形较大，焊条消耗量大。

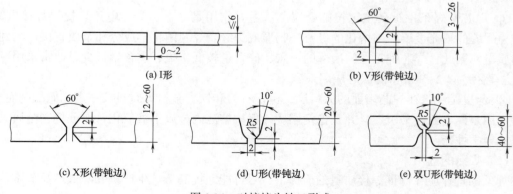

(a) I形　　(b) V形(带钝边)

(c) X形(带钝边)　　(d) U形(带钝边)　　(e) 双U形(带钝边)

图6-14　对接接头坡口形式

（3）焊缝的空间位置

根据焊缝在空间所处的位置不同，可分为平焊、立焊、横焊和仰焊4种，如图6-15所示。平焊时，操作方便，易保证焊接质量，生产率高，一般情况下尽可能采用平焊。

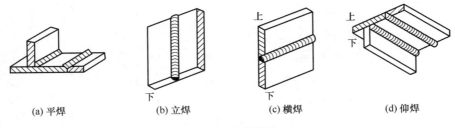

图6-15　焊接位置

（4）焊接应力与变形

焊接应力是指在焊接过程中，被焊工件内产生的应力；焊接变形是指焊接过程中被焊工件所产生的变形，其基本形式如图6-16所示。焊接应力和变形，会对焊接结构的制造和使用带来不利影响。可能降低结构的承载能力，甚至导致结构开裂；影响结构的加工精度和尺寸稳定性等。因此，在焊接过程中，必须设法减小或消除焊接应力与变形。

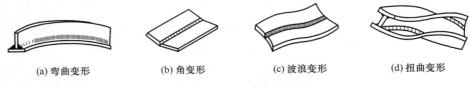

图6-16　焊接变形的基本形式

① 焊接应力与变形产生的原因。焊接过程中，工件局部的不均匀加热和冷却是产生焊接应力与变形的根本原因。在焊接结构中，焊接应力与变形既同时存在，又相互制约。例如在焊接过程中，采用焊接夹具施焊，虽然焊接变形得到控制，但焊接应力却增大了；要使焊接应力减小，应允许被焊工件有适当的变形。一般当焊接结构刚度较小或被焊工件材料塑性较大时，焊接变形较大，焊接应力较小；相反，焊接变形较小，焊接应力较大。

② 减小焊接应力与变形的措施　具体有以下几种：

a. 选择合理的焊接工艺参数。根据焊接结构的具体情况，尽可能采用直径较小的焊条和较小的焊接电流，或采用较大的焊接速度，以减小被焊工件的受热范围，从而减小焊接应力。

b. 选择合理的焊接顺序。采用合理的焊接顺序，尽量使焊缝纵向、横向都能自由收缩，利于减少焊接应力与变形，一般先焊收缩量大的焊缝。各种不同的焊接顺序，如图6-17所示。

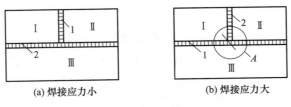

图6-17　焊接顺序对焊接应力的影响

笔记 🖉

c. 刚性固定法。焊前将被焊工件固定在夹具上或经定位焊点来限制其变形，如图6-18所示。这种方法是通过强制手段来减少焊接变形，会产生较大的焊接残余应力，故只适用于塑性较好的低碳钢结构。

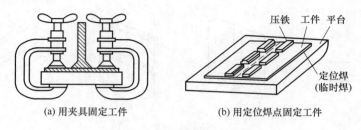

(a) 用夹具固定工件　　　　　　　(b) 用定位焊点固定工件

图6-18　刚性固定法焊接工件

d. 反变形法。预先估计其结构变形的方向和数量，焊前预先将工件安放在与焊接变形方向相反的位置上，以达到与焊接变形相抵消的目的，如图6-19所示。

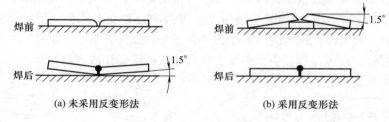

(a) 未采用反变形法　　　　　　　(b) 采用反变形法

图6-19　反变形法

e. 焊前预热法。焊前对工件整体加热，减小工件各部分的温差，降低焊缝区的冷却速度以减小焊接应力、防止产生裂纹。

f. 加热"减应区"。焊前在焊件上选择适当的部位，进行低温或高温加热，焊后与焊接部位同时从较高的温度冷却下来，一起收缩，使焊缝在"热胀冷缩"时不受阻碍或受阻较小，以达到减小焊接应力的目的。

笔记

6.5　激光焊、等离子焊简介

随着科学技术的发展，焊接技术也得到了快速发展，特别是原子能、航空、航天等技术的发展，出现了新材料、新结构等需要更高质量、更高效率的焊接方法；同时在常用焊接方法的基础上作改进，以满足一般材料焊接的更高要求。

6.5.1　激光焊

激光焊是利用聚焦的激光束作为能源，轰击工件所产生的热量进行熔焊的方法。激光是物质粒子受激辐射产生的，它与普通光不同，具有亮度高、方向性好和单色性好的特点。

激光被聚焦后在极短时间（以毫秒计）内，光能转变为热能，温度可达一万摄氏度以上，可以用来焊接和切割，是一种理想的热源。

激光焊如图6-20所示，激光束3由激光器1产生；通过光学系统4聚焦成焦点，其能量进一步集中，当射到工件6的焊缝处，光能转化为热能，实现焊接。

激光焊显著的优点是：能量密度大，热影响区小，焊接变形小，不需要气体保护成真空环境便可获得优良的焊接接头。激光可以反射、透射，能在空间传播相当远距离而衰减很小，可进行远距离或一些难于接近部位的焊接。

激光焊可以焊接一般焊接方法难以焊接的材料，如高熔点金属等。甚至可用于非金属材料的焊接，如陶瓷、有机玻璃等。还可实现异种材料的焊接，如钢和铝、铝和铜、不锈钢和铜等。

但激光焊的设备较复杂，目前大功率的激光设备尚未完全投入使用，所以它主要用于电子仪表工

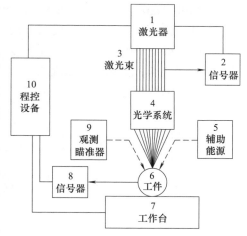

图6-20 激光焊示意图

业和航空工业、原子核反应堆等领域，如集成电路外引线的焊接，集成电路块、密封性微型继电器、石英晶体等器件外壳和航空仪表零件的焊接等。

6.5.2 等离子弧焊

一般的焊接电弧因为未受到外界约束，故称为自由电弧，自由电弧区内的电流密度近乎常数，弧柱中心温度约6000~8000K。利用某种装置使自由电弧的弧柱受到压缩，使弧柱中气体完全电离，则可产生温度更高、能量更加集中的电弧，即等离子弧。等离子弧是一种热能非常集中的压缩电弧，其弧柱中心温度高达约24000~50000K。等离子弧焊，实质上是一种电弧具有压缩效应的钨极氩气保护焊。

图6-21所示是等离子弧焊的示意图。在钨极和焊件之间加一较高电压，经高频振荡使气体电离形成电弧。电弧经过具有细孔道的水冷喷嘴时，弧柱被强迫缩小，即产生电弧"机械压缩效应"。电弧同时又被进入的冷工作气流和冷却水壁所包围，弧柱外围受到强烈的冷却，使电子和离子向高温和高电离度的弧柱中心集中，使电弧进一步产生"热压缩效应"。弧柱中定向运动的带电粒子流产生的磁场间电磁力使电子和离子互相吸引、互相靠近，弧柱进一步压缩，产生"电磁压缩效应"。自由电弧经上述3种压缩效应的作用后，形成等离子弧。等离子弧焊电极一般为钨极，保护气体为氩气。

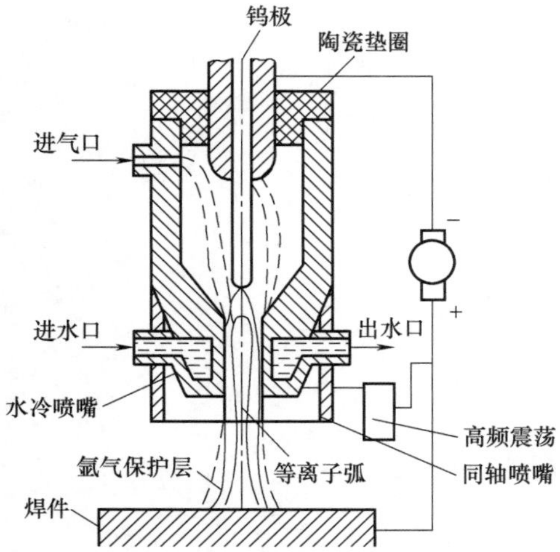

图6-21 等离子弧焊示意图

等离子弧焊除了具有氩弧焊的优点外，还具有自己的特点。

① 利用等离子弧的高能量，可以一次焊透厚度为10~12mm的焊件。而且，焊接速度快，热影响区小，焊接变形小，焊缝质量好。

② 当焊接电流小于0.1A时，等离子弧仍能保持稳定燃烧，并保持其方向性。所以，等

离子弧焊可焊0.01~1mm的金属箔和薄板等。

等离子弧焊的主要不足是设备复杂、昂贵、气体消耗大，只适于室内焊接。

目前，等离子弧焊在化工、原子能、仪器仪表、航天航空等工业部门中广泛应用。主要用于焊接高熔点、易氧化、热敏感性强的材料，如钼、钨、钛、铬及其合金和不锈钢等，也可焊接一般钢材或有色金属。

✎笔记

模块 **7**

数控车削加工

7.1　数控车床概述

7.1.1　数控车床的工作原理

　　数控车床是一种高度自动化的机床，是用数字化信息来实现自动控制，具体步骤为：将与加工零件有关的信息，包括工件与刀具相对运动轨迹的尺寸参数（进给执行部件的进给尺寸）、切削加工的工艺参数（主运动和进给运动的速度、切削深度等），以及各种辅助操作（主运动变速、刀具更换、切削液关停、工件的夹紧与松开等）等加工信息，用规定的文字、数字和符号组成的代码，按一定的格式编写成加工程序，将加工程序通过输入装置输入到数控装置中，由数控装置经过分析处理后，发出各种与加工程序相对应的信号和指令，控制机床进行自动加工。

7.1.2　数控车床的组成

　　数控车床主要由数控程序、输入装置、数控装置（CNC）、伺服驱动及位置检测、辅助控制装置、机床主体等组成，如图7-1所示。

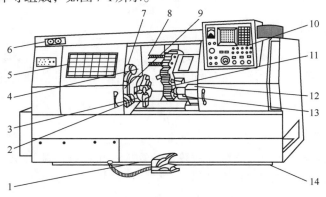

图 7-1　卧式数控车床的组成

1—脚踏开关；2—对刀仪；3—主轴卡盘；4—主轴箱；5—防护门；6—压力表；7，8—防护罩；
9—转臂；10—操作面板；11—回转刀架；12—尾座；13—滑板；14—床身

7.1.3 数控系统的主要功能

数控系统的功能通常包括基本功能和选择功能。基本功能是数控系统的必备功能，选择功能是供用户根据机床特点和用途进行选择的功能。数控系统的功能主要反映在准备功能G指令和辅助功能M指令上，现以FANUC数控系统为例，简述其部分功能。

7.1.3.1 主轴功能

① 同步进给控制。在加工螺纹时，主轴的旋转与进给运动必须保持一定的同步运行关系。其控制方法是通过检测主轴转速及角位移原点（起点）的元件（如主轴脉冲发生器）与数控装置相互进行脉冲信号的传递而实现的。

② 恒线速度控制。在车削表面粗糙度要求十分均匀的变径表面，如端面、圆锥面及任意曲线构成的旋转面时，车刀刀尖处的切削速度必须随着刀尖所处直径的不同位置而相应地做自动调整，以保持线速度恒定。

③ 最高转速控制。在设置恒切削速度后，由于主轴的转速在工件不同截面上是变化的，为防止主轴转速过高而发生危险，在设置恒切削速度前，可将主轴最高转速设置为某一个值。切削过程中当执行恒切削速度指令时，主轴最高转速将被限制在这个值。

7.1.3.2 多坐标控制功能

数控系统可实现X、Y轴同步控制，因此可以加工较为复杂的曲面。

7.1.3.3 螺纹车削功能

车床数控系统接收数控车床主轴编码器所发送的信号，通过计算并控制X、Y轴向移动，可以加工不同类型的螺纹。

7.1.3.4 固定循环切削功能

笔记

为了进一步提高编程工作效率，车床数控系统设计有固定循环功能，它规定对于一些加工中的固定、连续的动作，用一个G指令表达即可，即用固定循环指令加工。

7.1.3.5 刀具补偿功能

车床数控系统具有刀具补偿功能。由于存在刀具的安装误差、刀具磨损和刀尖圆弧半径等，在数控系统中必须加以补偿，才能加工出合格零件。刀具补偿分为两类，即长度补偿和半径补偿。

7.1.3.6 自诊断功能

车床数控系统自身具有故障诊断和故障定位功能，可以在故障出现后迅速查明故障的类型及部位，减少因故障而导致的停机时间。

7.1.3.7 通信功能

车床数控系统可通过与计算机的I/O接口，实现机床与计算机或者实现局域网之间的通信,可实现系统参数输入及调试、DNC在线加工和机床局域网互联等功能。

7.2 数控车床编程基础

7.2.1 数控车床的坐标系

建立数控车床的标准坐标系,主要是为了确定数控车床坐标系的零点(坐标原点)。

通常,数控车床的机床原点多在主轴法兰盘接触面的中心,即主轴前端面的中心上。机床主轴即为Z轴,主轴法兰盘的径向平面则为X轴,+X轴和+Z轴的方向指向加工空间。图7-2、图7-3所示为数控车床的机床坐标系原点和工件坐标系原点。

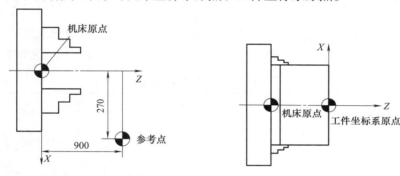

图7-2 数控车床的机床坐标系原点与参考点   图7-3 工件坐标系原点

7.2.2 数控加工程序的结构

数控机床的加工运动,就是以编制好的数字程序为指令,指挥数控机床进行指令所允许的运动。这样自然就需要程序,而每个程序则是由程序段组成的。程序段是可作为一个单位来处理的连续的字组,它实际上是数控加工程序的一段程序。零件加工程序的主体由若干个程序段组成,多数程序段用来指令机床完成或执行某一动作。程序段则由尺寸字、非尺寸字和程序段结束指令构成。在书写和打印时,每个程序段一般占据一行。

在数控机床的编程说明书中,用详细格式来分类规定程序编制的细节,如程序编制所用的字符、程序段中程序字的顺序及字长等。例如:

/N03 G02 X55 Y55 I0 J55 F100 S800 T04 M03;

上例详细格式分类说明如下:

N03——程序段序号。

G02——加工的轨迹,为顺时针圆弧。

X55、Y55——所加工圆弧的终点坐标。

I0、J55——所加工圆弧的圆心坐标。

F100——加工进给速度。

S800——主轴转速。

笔记

T04——所使用刀具的刀号。

M03——辅助功能指令。

"/"标记——跳步选择指令。

跳步选择指令的作用是：在程序不变的前提下，操作者可以对程序中有跳步选择指令的程序段做出执行或不执行的选择。选择的方法通常是通过操作面板上的跳步选择开关，通过将开关扳向"ON"或"OFF"来实现不执行或执行有"/"标记的程序段。

7.2.3　数控加工指令

本节内容以FANUC 0i Mate TC系统为例，常用的指令代码按不同功能可划分为准备功能G指令、辅助功能M指令和F、S、T指令3大类。

7.2.3.1　准备功能G指令

准备功能G指令是建立坐标平面、坐标系偏置、刀具与工件相对运动轨迹（插补功能）以及刀具补偿等多种加工操作方式的，其范围为G00~G99。G指令的功能见表7-1。

表7-1　常用G指令及其功能

G指令	功能	G指令	功能
G00	快速定位	G70	精加工循环
G01	直线插补	G71	外径、内径粗车复合循环
G02	顺（时针）圆弧插补	G72	端面粗车复合循环
G03	逆（时针）圆弧插补	G73	固定形状粗加工复合循环
G04	暂停	G74	排屑钻端面孔
G18	ZX平面设置	G75	内径、外径钻孔循环
G20	英制单位输入	G76	多线螺纹切削复合循环
G21	公制单位输入	G90	单一形状固定循环
G32	螺纹切削	G92	螺纹切削循环
G34	变螺距螺纹切削	G94	端面切削循环
G40	刀尖圆弧半径补偿取消	G96	恒表面切削速度控制
G41	刀尖圆弧半径左补偿	G97	恒表面切削速度取消
G42	刀尖圆弧半径右补偿	G98	每分进给
G50	最大主轴速度设定	G99	每转进给

笔记

下面简单介绍表7-1中常用的G指令。

（1）单位设置指令

① G20、G21指令。G20指令指定英制输入制，单位为in；G21指令指定公制输入制，单位为mm。

② G98、G99指令。G98指令指定进给速度F单位为mm/min；G99指令指定进给速度F单位为mm/r。

（2）快速进给控制指令G00

指令格式：G00　X(U)_Z(W)_;

式中，X(U)、Z(W) 为快速定位终点坐标，X、Z时为终点在工件坐标系中的坐标，U、W时为终点相对于起点的位移量。

（3）直线插补指令G01

G01直线插补指令指定刀具从当前位置，以两轴或三轴联动方式向给定目标按F指令指定的进给速度运动，加工出任意斜率的平面（或空间）直线。

指令格式：G01 X(U)_Z(W)_F_；

G01是模态指令，可以用G00、G02、G03指令注销。

（4）圆弧插补指令G02、G03

执行G02、G03指令，按指定进给速度进行圆弧切削，G02指令为顺时针圆弧插补，G03指令为逆时针圆弧插补。顺时针、逆时针的判别：指从第三轴正向朝零点或朝负方向看，如在立式加工中心XY平面中，从Z轴正向向原点观察，起点到终点为顺时针转为顺圆，反之为逆圆，如图7-4所示。

指令格式：G02/G03 X(U)_Z(W)_ R_ F_ ；

式中，X(U)、Z(W) 为X轴、Z轴的终点坐标；

R为圆弧半径。

终点坐标可以用绝对坐标X、Z或增量坐标U、W表示。

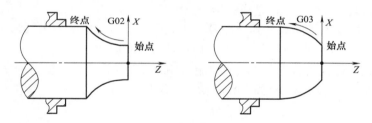

图7-4　顺逆圆弧的判别

（5）暂停指令G04

指令格式：G04 P(X或U)_；

式中，P(X或U) 为暂停时间，单位为ms，X或U单位为s；

G04表示在前一程序段的进给速度降到零之后才开始暂停动作。在执行含有G04指令的程序段时，先执行暂停功能。G04为非模态指令，仅在其规定的程序段中有效。

在零件的加工程序中，执行G04指令可使刀具作短暂的停留，以获得圆整而光滑的表面。

（6）刀尖圆弧半径补偿指令G40、G41、G42

指令格式：$\begin{cases} G41 \\ G42 \end{cases} \begin{matrix} G00/G01\ X\_Z\_\ ; \\ G00\ G40\ X\_Z\_\ ; \end{matrix}$

说明：系统对刀具的补偿或取消都是通过滑板的移动来实现的。

数控程序一般是针对刀具上的某一点即刀位点，按工件轮廓尺寸编制的，如图7-5所示。车刀的刀位点一般为理想状态下的假想刀尖点或刀尖圆弧圆心0点。但实际加工中的车刀，由于工艺或其他要求，刀尖往往不是一理想点，而是一段圆弧。切削加工时，刀具切削点在刀尖圆弧上变动，造成实际切削点与刀位点之间的位置有偏差，故造成过切或少切。这种由于刀尖不是一理想点而是一段圆弧造成的加工误差，可用刀尖圆弧半径补偿功能来消除。

笔记✏️

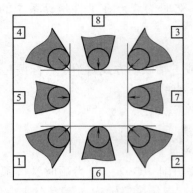

图7-5　刀尖圆弧位置

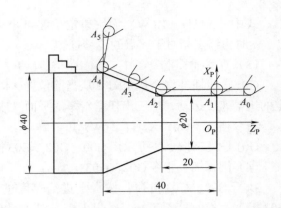

图7-6　刀尖圆弧半径补偿

刀尖圆弧半径补偿是通过G41、G42、G40指令及T指令指定的刀尖圆弧半径补偿号，执行或取消半径补偿。

G40——取消刀尖圆弧半径补偿。

G41——左刀补（在刀具前进方向左侧补偿）。

G42——右刀补（在刀具前进方向右侧补偿），如图7-6所示。

注：G40、G41、G42指令都是模态指令，可相互注销。

① G41/G42指令不带参数，其补偿号（代表所用刀具对应的刀尖圆弧半径补偿值）由T指令指定。其刀尖圆弧半径补偿号与刀具偏置补偿号对应。

② 刀尖圆弧半径补偿的建立与取消只能用G00或G01指令，不能用G02或G03指令。

如图 7-6 所示，运用刀尖圆弧半径补偿指令编程。

G00 X20 Z2	；快进至 A_0 点
G42 G01 X20 Z0	；刀尖圆弧半径右补偿 A_0-A_1
Z–20	；A_1-A_2
X40 Z–40	；A_2-A_3-A_4
G40 G01 X80 Z–40	；退刀并取消刀尖圆弧半径补偿 A_4-A_5

笔记

（7）多重循环指令G70~G76

① 内外径粗车循环指令G71、端面粗车循环指令G72及轮廓粗车循环指令G73。

② 内外径精车循环、端面精车循环、轮廓精车循环指令G70。

a. 内外径粗车循环指令G71。

指令格式：G71 U(Δd) R(e)；

　　　　　　G71 P(ns) Q(nf) U(Δu) W(Δw) F_S_T_ ；

式中　Δd——粗车时每次背吃刀量；

　　　e——表示退刀量，如图7-7所示；

　　　ns——精加工程序段的第一个程序段序号；

　　　nf——精加工程序段的最后一个程序段序号；

　　　Δu——X轴方向精加工余量；

　　　Δw——Z轴方向的精加工余量；

　F、S、T——进给量、主轴转速、刀具号地址符。粗加工时G71中编程的F、S、T有效，而精加工时处于ns~nf程序段之间的F、S、T有效。

注意：ns的程序段必须为G00或G01指令；在序号ns~nf的程序段中，不应包含子程序。

b. 端面粗车循环指令G72。

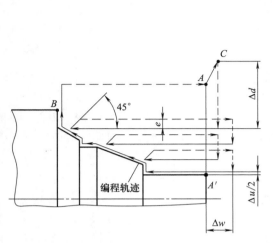

图7-7 外圆粗加工循环的走刀路线

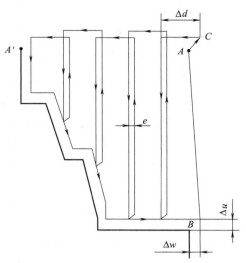

图7-8 端面粗加工循环

指令格式：G72 W(Δd) R(e)；

G72 P(ns) Q(nf) U(Δu) W(Δw) F(f)；

式中 Δd——含义与它们在G71指令格式中的意义相同，如图7-8所示。

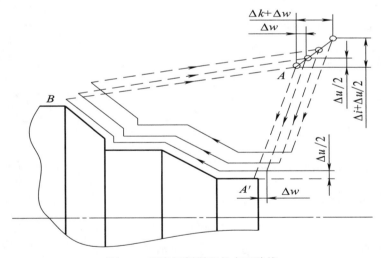

图7-9 固定切削循环的走刀路线

c. 轮廓粗车循环指令G73。

指令格式：G73 U(i) W(k) R(d)；

　　　　　G73 P(ns) Q(nf) U(Δu) W(Δw) F_S_T_；

式中 i——X方向总退刀量（i≥毛坯X向最大加工余量）；

　　 k——Z方向总退刀量（可与i相等）；

　　 d——粗切次数；

ns含义与它们在G71指令格式中的意义相同，如图7-9所示。

注意：该指令能对铸造、锻造等粗加工已初步形成的工件，进行高效率切削，图中是粗加工后的轮廓，为精加工留下X方向余量Δu和Z方向余量Δw，A'B'是精加工轨迹点，C为粗加工切入点。

d. 精加工循环指令G70。

指令格式：G70 P（ns）Q（nf）；

式中　ns——精加工形状程序段的开始程序段号；

　　　nf——精加工形状程序段的结束程序段号。

G70指令在粗加工完后使用，即G70是在执行G71、G72、G73粗加工循环指令后的精加工循环指令，在G70指令程序段内要指令精加工程序第一个程序号和精加工最后一个程序段号。

（8）固定循环指令G90、G92、G94。

简单螺纹循环指令格式：G92　X(U)_Z(W)_I_F_；

式中　X、Z——螺纹终点的坐标值；

　　　U、W——螺纹终点坐标相对于螺纹起点的增量坐标；

　　　　I——锥螺纹起点和终点的半径差，加工圆柱螺纹时I为零，可省略。

图7-10所示为圆柱螺纹切削循环，图7-11所示为圆锥螺纹切削循环。刀具从循环点开始，按A—B—C—D进行自动循环，最后又回到循环起点A。图中虚线表示按R快速移动，实线表示按F指定的工作进给速度移动，F为螺距值。

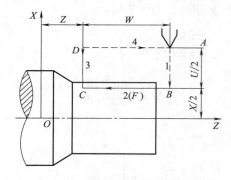

图7-10　G92圆柱螺纹切削循环

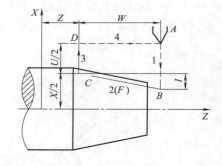

图7-11　G92圆锥螺纹切削循环

7.2.3.2　辅助功能M指令

辅助功能M指令，由地址字M后跟1~2位数字组成，即M00~M99。这些指令主要用来控制数控车床电控装置单纯的开/关动作，以及控制加工程序的执行走向。M指令的功能见表7-2。

表7-2　M指令及其功能

M指令	功能	M指令	功能
M00	程序暂停	M04	主轴反转
M01	程序选择性暂停	M05	主轴停止
M02	程序结束	M08	切削液开启
M03	主轴正转	M09	切削液关闭

M指令	功能	M指令	功能
M30	程序结束,返回开头	M99	子程序结束,返回主程序
M98	调用子程序		

① 暂停指令M00。当CNC执行到M00指令时，将暂停执行当前的程序，以方便操作者进行刀具的更换、工件的尺寸测量、工件调装头或手动变速等操作。暂停时机床的主轴运动、进给运动及切削液停止，而全部现存的模态信息保持不变。若继续执行后续程序，只需要重新按下操作面板上的"启动"按钮即可。

② 程序结束指令M02。M02指令用于主程序的最后一个程序段中，表示程序结束。当数控系统执行到M02指令时，机床的主轴运动、进给运动及切削液全部停止。使用M02指令的程序结束后，若要重新执行就必须重新调用该程序。

③ 程序结束并返回到零件程序开头指令M30。M30指令和M02指令功能基本相同，只是M30指令还具有控制返回零件程序开头的功能。使用M30指令的程序结束后，若要重新执行该程序，只需再次按操作面板上的"启动"按钮即可。

④ 子程序调用及返回指令M98、M99。M98指令用来调用子程序；M99指令用来结束子程序，执行M99指令后，子程序结束，返回到主程序。

注：在子程序开头必须用规定的子程序号，以作为调用入口地址。在子程序的结尾用M99，以控制执行完该子程序后返回主程序。

⑤ 主轴控制指令M03、M04和M05。执行M03指令，主轴起动，并以顺时针方向旋转；执行M04指令，主轴起动，并以逆时针方向旋转；执行M05指令，主轴停止旋转。

⑥ 切削液开、关指令M08、M09。执行M08指令，切削液开启；执行M09指令，切削液关闭。其中，M09指令功能为默认功能。

7.2.3.3　F、S、T指令

F指令是控制刀具进给速度的指令，为模态指令，但快速定位指令G00的速度不受其控制。在车削加工中，F的单位一般为mm/r。

注：模态指令是一组可相互注销的指令，一旦被执行则一直有效，直至被同一组的其他指令注销为止；非模态指令只在所在的程序段中有效，程序段结束时被注销。

S指令用以指定主轴转速，单位为r/min，　S指令是模态指令，但它只有在主轴速度可调节时才有效。

T指令是刀具功能指令，后跟四位数字。例如T0101，前两位指更换刀具的编号01，后两位为刀补号01。T指令为非模态指令，如在数控车床执行T0101指令，刀架自动换01号刀具，调用01号刀补号。

7.3　数控车床刀具简述

车刀是数控车床常用的一种单刃刀具，其种类很多，按用途可分为外圆车刀、端面车刀、切断刀等等，如图7-12所示。

笔记

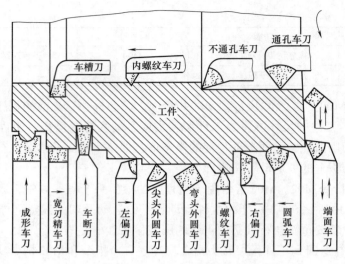

图7-12　车刀的种类和用途

车刀按结构形式分以下几种：

① 整体式车刀。整体式车刀的切削部分与夹持部分材料相同，用于在小型车床上加工零件或加工有色金属及非金属，整体高速钢刀具即属此类。

② 焊接式车刀。焊接式车刀的切削部分与夹持部分材料完全不同。切削部分材料多以刀片形式焊接在刀杆上，常用的焊接式硬质合金车刀即属此类，刀杆为45钢基体。焊接式适用于各类车刀，特别是较小的刀具。

③ 机夹式车刀。机夹式车刀分为机夹重磨式和不重磨式，前者用钝后可集中重磨，后者切削刃用钝后可快速转位再用，也称为机夹可转位式刀具，特别适用于自动生产线和数控车床。机夹式车刀避免了刀片因焊接产生的应力、变形等缺陷，刀杆利用率高。

选择车刀时应遵循以下原则：

① 粗车时选择强度高、韧性好、寿命长的刀具，满足粗车大背吃刀量、大进给量的要求。

② 精车时选择精度高、硬度高、寿命长的刀具，以保证加工精度的要求。

③ 为减少换刀时间及方便对刀，应尽量采用机夹式刀具。

7.4 数控车床基本操作

本节内容以FANUC 0i Mate TB系统为例进行讲述。

7.4.1 数控车床操作面板

数控车床的操作面板由机床控制面板和数控系统操作面板两部分组成，下面分别介绍。

7.4.1.1 机床控制面板

通过机床控制面板上的各种功能键（表7-3）可执行简单的操作，直接控制数控机床的

笔记

动作及加工过程。

表 7-3　机床控制面板按键及其功能

按键	内容	功能
方式选择	编辑	程序的编辑、修改、插入及删除，各种搜索功能
	自动	执行程序的自动加工
	MDI	手动输入数据
	JOG	手动连续进给。在JOG方式，按机床操作面板上的进给轴和方向选择开关，机床沿选定轴的选定方向移动。手动连续进给速度可用手动连续进给速度倍率刻度盘调节
	手摇	手轮方式选择 (1)在此方式下旋转机床操作面板上的手摇脉冲发生器，使机床连续不断地移动 (2)按手轮进给倍率开关，选择机床移动的倍率
主轴	正转	主轴正转，即顺时针方向转动
	反转	主轴反转，即逆时针方向转动
	停止	主轴停止转动
循环	（白色）	循环启动按钮 按循环启动按钮启动自动运行
	（红色）	进给暂停 按进给暂停按钮，使自动运行暂停

7.4.1.2　数控系统操作面板

数控系统操作面板由显示屏和MDI键盘两部分组成，其中显示屏主要用来显示相关坐标位置、程序、图形、参数、诊断、报警等信息；而MDI键盘如图7-13所示，包括字母键、数字键以及功能键等，可以进行程序、参数、机床指令的输入及系统功能的选择，其功能见表7-3。

（1）数字/字母键数字/字母键

用于输入数据到输入区域，系统自动判别取字母还是取数字。

（2）编辑键

【ALTER】　替换键，用输入的数据替代光标所在的数据。

【INSERT】　插入键，把输入域之中的数据插入到当前光标之后的位置。

【DELETE】　删除键，删除光标所在位置的数据，或者删除一个数控程序或者删除全部数控程序。

【SHIFT】　上挡键。

【CAN】　修改键，消除输入域内的数据。

【EOB】　换行键。

（3）页面切换键

【PROG】　数控程序显示与编辑页面键。

【POS】　坐标位置显示页面键，位置显示有三种方式，可用PAGE按钮选择。

【OFS/SET】　参数输入页面键，按第一次进入坐标系设置页面，按第二次进入刀具补偿参数页面。进入不同的页面以后，用PAGE按钮切换。

【HELP】　系统帮助页面键。

【AUX/GRAPH】　图形参数设置页面键。

【MESSAGE】　信息页面键，如显示"报警信息"。

笔记

【SYSTEM】 系统参数页面键。

【RESET】 复位键。可以使CNC复位或者解除报警。

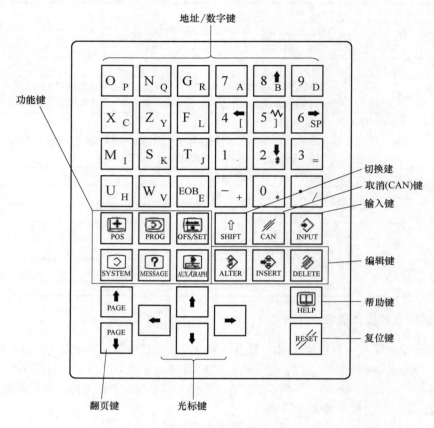

图7-13 MDI键盘

（4）输入键

【INPUT】 输入键。把输入域内的数据输入到参数页面或者输入一个外部的数控程序。

（5）控制按钮功能说明

【EMERGENCY STOP】（紧急停止）当出现紧急情况时按下该按钮，液压站和控制单元的伺服系统电源即切断，整个机床就停止，控制单元进入复位状态，屏幕显示"NOT READY"。要关闭机床电源也可按此按钮。

【POWER ON/OFF】（电源开/关） 按下此按钮激活数控装置，液压站随即开动，机床处于准备完成状态。如果进给轴的行程限位开关超行程，则液压站电源被断开、机床停止，则只要按着此按钮，液压站就继续工作。

【EDIT】 编辑方式旋钮，显示当前编辑状态。

【MDI】 手动数据输入方式旋钮。

【JOG】 手动控制（JOG）方式旋钮。

【HND】 手摇轮控制方式旋钮。

【AUTO】 自动运行方式旋钮。

【REF】 返回参考点方式旋钮。

【SBK】　单段运行方式按钮。

【BDT】　程序跳转按钮。

【DRN】　空运行按钮。

【AFL】　M、S、T辅助机能锁住。

【CYCLE START/FEED HOLD】　循环启动/进给保持按钮。

【MACHINE LOCK】　机床锁定按钮。

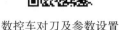

数控车对刀及参数设置

7.4.2　数控车床对刀操作

常见的对刀方法有试切对刀法和对刀仪对刀法两种，这里只介绍试切法对刀，以90°外圆车刀为例。

试切法对刀的具体操作步骤如下：

① 装夹好工件或毛坯及刀具。

② 对刀前必须返回参考点。

③ 进入"工具补正/形状"界面，即先按 OFFSET SET 功能键，再依次按下［补正］、［形状］软键，如图7-14所示。

④ 测量Z向刀补值，如图7-15所示。

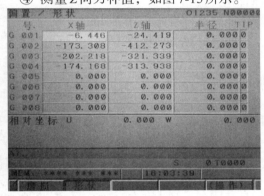

图7-14　"工具补正/形状"界面

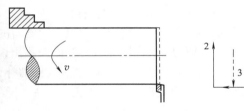

图7-15　Z向刀补值测量

笔记✎

a. 在JOG方式下，移动刀架到安全位置，然后手动换成所要对的刀具（如T0101）。

b. 手动使主轴正转或在MDI方式下，输入"S600 M03"，并按键 EOB，再按键 INSERT，最后按"循环启动"按钮来起动主轴。主轴起动后，按相应步骤重新进入"工具补正/形状"界面。

c. 在JOG方式下，按方向按钮或切换到手轮HANDLE方式下摇动手轮，将车刀快速移动到工件附近。

d. 靠近工件后，通常用手轮（脉冲当量改为×10，即0.01mm）来控制刀具车削端面（约0.5mm厚），切削要慢速、均匀。

e. 车削端面后，刀具仅能沿+X轴向移动，即退出工件，而Z轴方向保持不动。

f. 在"工具补正/形状"界面，按光标移动键将光标移动到相应寄存器号（如01）的Z轴位置上。

g. 输入"Z0"。

h. 按软键［测量］，则该号刀具的Z向刀补值测量出并被自动输入。

⑤ 测量 X 向刀补值，如图7-16所示。

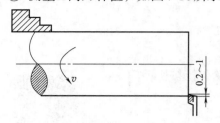

(a) 选择背吃刀量

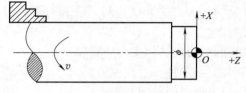

(b) 车削外圆(沿–Z轴向进给)

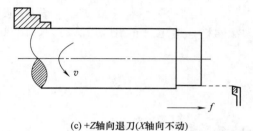

(c) +Z轴向退刀(X轴向不动)

(d) 停车测量所车外圆直径值

图7-16　X向刀补值测量

a. 手动使主轴正转。测 Z 向刀补后，如主轴未停，此步可省略。

b. 摇动手轮，先快后慢，靠近工件后，选择背吃刀量。

c. 车削外圆，沿–Z轴方向切削长 5~10mm（脉冲当量为×10，即 0.01mm）。

d. 车削外圆后，仅沿+Z轴方向退刀，远离工件，而 X 轴方向保持不动。

e. 停主轴，测量所车外圆直径。

f. 将光标移到相应寄存器号（如01）的 X 轴位置上。

g. 输入"X"和所测工件直径值，如输入"X24.262"。

h. 按软键［测量］，得出该刀具 X 轴方向的刀补值。

至此，一把刀的 Z 向和 X 向刀补值都测出，对刀完成。其他刀具的对刀方法同上。

注：对于同一把刀，一般是先测量 Z 向刀补，再测量 X 向刀补，这样可避免中途停机测量。

同时对多把刀具时，第一把刀对好后，要把第一把刀车削的端面作为基准面对其他刀具，该端面不能再车削，只能轻触（因端面中心是共同的工件坐标系原点），但是每把刀都可车削外圆，测出实际的直径值输入即可。螺纹刀较特殊，需目测刀尖对正工件端面来设定 Z 轴补偿值。

7.5　数控车床加工实训案例

7.5.1　阶梯轴类零件加工

7.5.1.1　案例一

（1）零件图

零件如图7-17所示，试编写其数控加工程序并进行加工。

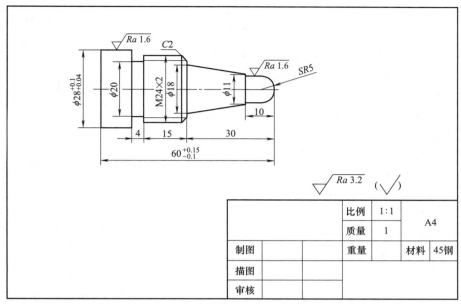

图7-17 案例一零件图

（2）零件工艺分析

该工件为阶梯轴零件，其成品最大直径为φ28mm，由于直径较小，可以采用φ30mm的圆柱棒料加工后切断，这样可以节省装夹料头，并保证各加工表面间具有较高的相互位置精度。装夹时注意控制毛坯外伸量，提高装夹刚性。毛坯为φ30mm的45钢棒料。

（3）加工工艺分析

由于阶梯轴零件径向尺寸变化较大，注意恒线速度切削功能的应用，以提高加工质量和生产率。从右端至左端轴向走刀车外圆轮廓，切螺纹退刀槽，车螺纹，最后切断。粗加工每次背吃刀量为1.5mm，粗加工进给量为0.2mm/r，精加工进给量为0.1mm/r，精加工余量为0.5mm。

（4）加工工序

① 车端面。将毛坯找正，夹紧，用外圆端面车刀平右端面，并用试切法对刀。

② 从右端至左端粗加工外圆轮廓，留0.5mm精加工余量。

③ 精加工外圆轮廓至图样要求尺寸。

④ 切螺纹退刀槽。

⑤ 加工螺纹至图样要求。

⑥ 切断，保证总长公差要求。

⑦ 去毛刺，检测工件各项尺寸要求。

（5）参考程序

工件坐标系原点：工件右端面回转中心。

刀具：T01外圆车刀（粗车）；T02外圆车刀（精车）；T03外切槽刀（刀宽4mm）；T04外螺纹车刀。

程序：根据FANUC 0i Mate TC系统编制。

O0001;

N10 G99 G21 G40;

笔记

N20　M03　S600；

N25　T0101；（换T01号外圆车刀，并调用1号刀补）

N30　G50　S1500；（最大主轴转速为1500r/min）

N40　G96　S180；（恒表面切削速度）

N50　G00　X32　Z2；

N60　G71　U1.5　R1；（用G71循环指令进行粗加工）

N70　G71　P80　Q180　U0.5　W0.2　F0.1；

N80　G00　X0；

N90　G01　Z0　F0.05；

N100　G03　X10　Z-5　R5；

N110　G01　Z-10；

N115　X11；

N120　X18　Z-30；

N130　X20；

N140　X24　Z-32；

N150　Z-49；

N160　X28；

N170　Z-62；

N180　X30；

N190　G00　X100　Z100；

N200　T0202；（换T02号精车刀，并调用2号刀补）

N210　G96　S220；

N220　G70　P80　Q180；（用G70循环指令进行精加工）

N230　G00　XI00　Z100；

N240　T0303；（换T03号4mm切槽刀，并调用3号刀补）

N250　G96　S120；

N260　G00　X35　Z-49；

N270　G01　X20　F0.1；

N280　G00　X32；

N290　X100　Z100　G97　S600；

N310　T0404；（换T04号外螺纹车刀，并调用4号刀补）

N320　M03　S600；

N330　G00　X25.8　Z-27；

N340　G92　X23.1　Z-47　F2；

N350　X22.5；

N360　X21.9；

N370　X21.5；

N380　X21.4；

N390　G00　X100　Z150；

N400　T0303；（换T03号4mm切断刀，并调用3号刀补）

笔记

N410 M03 S500；

N420 G00 X30 Z–60；

N430 G01 X–1 F0.1；

N440 G00 X32；

N450 G00 X100 Z100；

N460 M30；

7.5.1.2　案例二

（1）零件图

零件如图7-18所示，试编写其数控加工程序并进行加工。

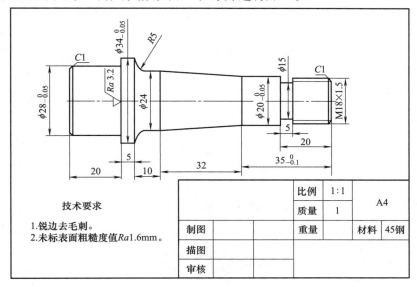

图7-18　案例二零件图

（2）加工工艺分析

该工件为锥面阶梯轴，难点在于锥面与螺纹加工。由于零件中间尺寸较大，需两次装夹加工，以ϕ34mm外圆为中点，进行左右分别装夹加工。粗加工每次背吃刀量为1.5mm，粗加工进给量为0.2mm/r，精加工进给量为0.1mm/r，精加工余量为0.5mm。

（3）加工工艺

① 夹持右端外圆，车削ϕ28mm外圆至尺寸要求。

② 调头，夹持ϕ28mm外圆，车削右边的各外圆至尺寸要求。

③ 换刀，切退刀槽至尺寸要求。

④ 换刀，车削螺纹至尺寸要求。

⑤ 检验

（4）参考程序

工件坐标系原点：工件右端面回转中心。

刀具：T01菱形外圆车刀；T02 5mm宽切槽刀；T03螺纹刀。

程序：根据FANUC 0i Mate TC系统编制。

O0001；

笔记

N10 G00 G40 G97 G99 M03 S600 T0101 F0.2;

N20 X40 Z5;

N30 G71 U1.5 R0.5;

N40 G71 P50 Q100 U0.5 W0.03 F0.2;

N50 G01 G42 X26;

N60 Z0;

N70 X28 Z-1;

N80 Z-20;

N90 X36;

N100 W-5;

N110 G00 X100 Z100;

N120 M05;

N140 G00 G40 G97 G99 M03 S1200 T0101 F0.2;

N150 X40 Z5;

N160 G70 P50 Q100;

N170 G00 X100 Z100;

N180 M30;

调头装夹：装夹φ28mm的外圆，车削右端的外圆。

注意：装夹φ28mm的外圆时避免夹伤。

O0002;

N10 G00 G40 G97 G99 M03 S600 T0101 F0.2;

N20 X40 Z5;

N30 G71 U1.5 R0.5;

N40 G71 P50 Q140 U0.5 W0.03 F0.2;

N50 G01 G42 X16;

N60 Z0;

N70 X17.85 Z-1;

N80 Z-20;

N90 X20;

N100 Z-35;

N110 X24 W-32;

N120 W-5;

N130 G02 X34 W-5 R5;

N140 G01 W-5;

N150 G00 G40 X100 Z100;

N150 M05;

N160;

N170 G00 G40 G97 G99 M03 S1200 T0101 F0.2;

N180 X40 Z5;

N190 G70 P50 Q140;

N200 G00 G40 X100 Z100;

N210 M30；

切槽：

O0003；

N10 G00 G40 G97 G99 M03 S1200 T0202 F0.2；

N20 X28 Z–20；

N30 G01 X15；

N40 X28；

N50 G00 X100 Z100；

M30；

车削螺纹：

O0004 ；

N10 G00 G40 G97 G99 M03 S1200 T0303 F0.2；

N20 X20 Z5；

N30 G92 X17.5 Z–17 F1.5；

N40 X17.2；

N50 X16.9；

N60 X16.6；

N70 X16.4；

N80 X16.35；

N90 X16；

N100 G00 X100 Z100；

N110 M30；

7.5.1.3　案例三

（1）零件图

零件如图7-19所示，试编写其数控加工程序并进行加工。

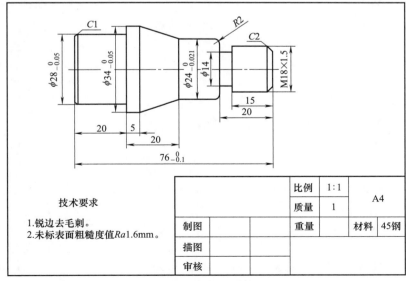

图7-19　案例三零件图

（2）加工工艺分析

此工件为多种外形组合件，有锥面、圆弧、螺纹及切槽等。此工件需两次装夹加工，先加工ϕ34外圆及右边尺寸，再加工ϕ28外圆至尺寸。粗加工每次背吃刀量为1.5mm，粗加工进给量为0.2mm/r，精加工进给量为0.1mm/r，精加工余量为0.5mm。

（3）加工工艺

① 夹持ϕ28mm外圆毛坯，车削右边的各外圆至尺寸要求。

② 换刀，切退刀槽至尺寸要求。

③ 换刀，车削螺纹至尺寸要求。

④ 调头，夹持ϕ24mm外圆，车削ϕ28mm外圆。

⑤ 检验。

（4）参考程序

工件坐标系原点：工件右端面回转中心。

刀具：T01菱形外圆车刀；T02 5mm宽切槽刀；T03螺纹车刀。

程序：根据FANUC 0i Mate TC系统编制。

O0001;

N10 G00 G40 G97 G99 M03 S600 T0101 F0.2;

N20 X40 Z5;

N30 G71 U1.5 R0.5;

N40 G71 P50 Q130 U0.5 W0.03 F0.2;

N50 G01 G42 X14;

N60 Z0;

N70 X18 Z–2;

N80 Z–20;

N85 X20;

N90 G03 X24 Z–22 R2;

N100 G01 W–16;

N110 X34 W–15;

N120 W–5;

N130 X40;

N140 G00 G40 X100 Z100;

N150 M05;

N170 G00 G40 G97 G99 M03 S1200 T0101 F0.2;

N180 X40 Z5;

N190 G70 P50 Q130;

N200 G00 G40 X100 Z100;

N210 M30;

切槽：

O0002;

N10 G00 G40 G97 G99 M03 S1200 T0202 F0.2;

N20 X28 Z-20;

笔记

N30　G01　X14；

N40　X28；

N50　G00　X100　Z100；

M30；

车削螺纹：

O0003；

N10　G00　G40　G97　G99　M03　S1200　T0303　F0.2；

N20　X20　Z5；

N30　G92　X17.5　Z−17；

N40　X17.2；

N50　X16.9；

N60　X16.6；

N70　X16.4；

N80　X16.2；

N90　X16；

N100　G00　X100　Z100；

N110　M30；

调头装夹：装夹φ24mm的外圆，车削φ28mm的外圆。

O0004；

N10　G00　G40　G97　G99　M03　S600　T0101　F0.2；

N20　X40　Z5；

N30　G71　U1.5　R0.5；

N40　G71　P50　Q90　U0.5　W0.03　F0.2；

N50　G01　G42　X26；

N60　Z0；

N70　X28　Z−1；

N80　Z−20；

N90　X36；

N110　G00　X100　Z100；

N120　M05；

N140　G00　G40　G97　G99　M03　S1200　T0101　F0.2；

N150　X40　Z5；

N160　G70　P50　Q90；

N170　G00　X100　Z100；

N180　M30；

7.5.2　球面、圆弧面类零件加工

（1）零件图

零件如图7-20所示，试编写其数控加工程序并进行加工。

笔记

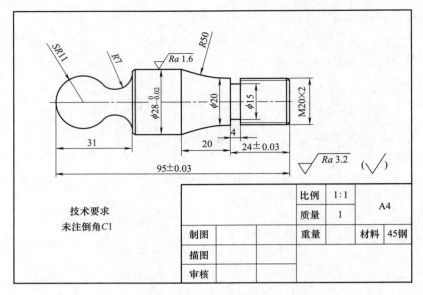

图7-20 圆弧类零件图

（2）零件工艺分析

该工件为球面、圆弧面零件，其成品最大直径为$\phi 28$mm。毛坯为$\phi 30$mm×98mm的45钢棒料。装夹时注意控制毛坯外伸量，提高装夹刚性。

（3）加工工艺分析

本例选用FANUC 0i Mate TC系统C6140型数控车床进行加工。

工艺顺序：先左端装夹，从右端开始车外圆轮廓，切螺纹退刀槽，车螺纹，然后调头装夹，加工左端的球面和圆弧面。粗加工每次背吃刀量为1.5mm，粗加工进给量为0.2mm/r，精加工进给量为0.1mm/r，精加工余量为0.5mm。

（4）加工工序

① 车右端面。将毛坯用自定心卡盘找正，夹紧，平右端面，并用试切法对刀。

② 从右端至左端粗加工$\phi 20$mm、$R50$mm、$\phi 28$mm外圆轮廓，留0.5mm精加工余量。

笔记

③ 精加工外圆轮廓至图样要求尺寸。

④ 切螺纹退刀槽。

⑤ 加工螺纹至图样要求。

⑥ 调头装夹，保证总长（95±0.03）mm。

⑦ 粗加工$SR11$mm球面及$R7$mm圆弧面等外轮廓，留0.5mm精加工余量。

⑧ 精加工外圆轮廓至图样要求尺寸。

⑨ 去毛刺，检测工件各项尺寸要求。

（5）参考程序

工件坐标系原点：分别以左、右端面与中心线交点为工件坐标系原点。

刀具：T01外圆车刀（粗车）；T02外圆车刀（精车）；T03外切槽刀（刀宽4mm）；T04外螺纹车刀。刀补号与刀号一一对应。

程序：根据FANUC 0i Mate TC系统编制。

O0002；（加工右端外轮廓）

G99 G21 G40;

T0101;（换T01号刀具）

M03 S800;

G00 X32 Z2;

G71 U1.5 R1;

G71 P100 Q200 U0.5 W0.1 F0.2 M08;

N100 G00 X16 S1500 F0.1;

G01 Z0;

X20 W-1;（倒角）

Z-24;

G02 X28 Z-44 R50;

G01 Z-66;

N200 X32;

T0202;（换T02号精车刀，并调用2号刀补）

G70 P100 Q200;（用G70循环指令进行精加工）

G00 X100 Z100;

T0303 S600;

G00 X22 Z-24;

G01 X15;

G04 X2.0;

G01 X24;

G00 X100 Z100;

T0404;

G00 X22 Z3 S700;

G92 X19.1 Z-22 F2;

X18.5;

X17.9;

X17.5;

X17.4;

G00 X100 Z100 M09;

M30;

O0003;（加工左端外轮廓）

G99 G21 G40;

T0101;

M03 S800;

G00 X32 Z2 M08;

G73 U15 W0 R10;

G73 P100 Q200 U0.5 W0 F0.2;

N100 G00 X0 S1500 F0.1;

Z0;

G03 X15.22 Z−18.94 R11；

G02 X24.9 Z−31 R7；

G01 X26；

N200 U4 W−2；

T0202；（换T02号精车刀，并调用2号刀补）

G70 P100 Q200；

G00 X100 Z100 M09；

M30；

7.5.3 内轮廓类零件加工

（1）零件图

零件如图7-21所示，试编写其数控加工程序并进行加工。

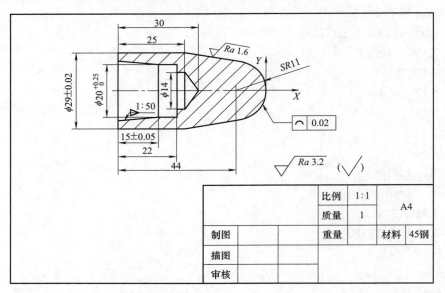

笔记

图7-21 内轮廓类零件图

（2）零件工艺分析

该工件既有外圆弧面，又有内轮廓，其成品最大直径为 ϕ29mm。毛坯为 ϕ32mm×58mm 的45钢棒料。装夹时注意控制毛坯外伸量，提高装夹刚性。

（3）加工工艺分析

本例选用FANUC 0i Mate TC系统C6140型数控车床。

工艺顺序：先加工左端的内孔、内锥和外圆，然后调头装夹加工右端的圆弧和斜面。

（4）加工工序

① 用自定心卡盘装夹，毛坯伸出卡爪面约35mm，粗、精加工端面和外圆，达到图样要求的左端尺寸 ϕ29mm±0.02mm。

② 钻 ϕ14mm孔，深30mm，达到图样要求。

③ 粗、精镗内轮廓至图样要求尺寸。

④ 调头装夹，保证总长度55mm，毛坯伸出卡爪面约40mm。粗加工右端圆弧及斜面，留0.3mm余量。

⑤ 精加工圆弧及斜面至图样要求尺寸。

⑥ 去毛刺，检测工件各项尺寸要求。

（5）参考程序

工件坐标系原点：分别以左、右端面与中心线交点为工件坐标系原点。

刀具：T01外圆车刀；T02ϕ14mm钻头；T03内孔镗刀。刀补号与刀号一一对应。

程序：根据FANUC 0i Mate TC系统编制。

① 左端加工程序

O0001；

G99 G21 G40；

T0101；

M03 S800；

G42 G00 X35 Z2 M08；（换1号外圆车刀，调用1号刀补，加工外轮廓）

G71 U1 R1；

G71 P10 Q20 U0.15 W0.1 F0.2；

N10 G00 X29 S1200；

G01 Z0 F0.15；

Z−28；（加工至延长线上）

N20 X32；

G70 P10 Q20；

G40 G00 X100 Z100 M05；

T0202；（换2号刀，ϕ14mm钻头，调用2号刀补）

M03 S300；

G00 X0 Z5；

G01 Z−30 F0.1；

G00 Z5；

G00 X100 Z150 M05；

T0303；（换3号内孔镗刀，调用3号刀补）

M03 S500；

G00 X12 Z5；

G71 U1.5 R1；

G71 P60 Q80 U−0.3 W0.1 F0.2；

N60 G01 X23 S1200 F0.15；

Z0；

X20 W−15；

Z−22；

N80 X13；

G70 P60 Q80；

G00 Z100；

笔记 ✎

X100 M05；

M09；

M30；

② 右端加工程序

O0002；

N10 G99 G21 G40；

N20 T0101；（换1号外圆车刀，调用1号刀补）

N30 M08；

N40 M03 S800；

N50 G42 G00 X34 Z2；

N60 G71 U1.5 R1；

N70 G71 P80 Q120 U0.15 W0.1 F0.2；

N80 G00 X0 S1200；

N90 G01 Z0 F0.15；

N100 G03 X21.15 W–8.9 R11；

N110 G01 X30 Z–33；（加工至斜面延长线上）

N120 X32；

N130 G70 P80 Q120；

N140 G40 G00 X100 Z150 M09；

N150 M30；

✎笔记

数控铣削加工

8.1 数控铣床概述

数控铣床是在普通铣床上集成了数字控制系统，可以在程序代码的控制下较精确地进行铣削加工的机床。数控铣床适合于各种箱体类和板类零件的加工。它的机械结构除基础部件外，还包括：主传动系统和进给传动系统；实现工件回转、定位的装置和附件；实现某些部件动作和辅助功能的系统和装置，如液压、气动、冷却等系统和排屑、防护等装置；特殊功能装置，如刀具破损监视、精度检测和监控装置；为完成自动化控制功能的各种反馈信号装置及元件。铣削加工是机械加工中最常用的加工方法之一，它主要包括平面铣削和轮廓铣削，也可以对零件进行钻、扩、铰、镗及螺纹加工等。

按机床主轴的布置形式及机床的布局特点分类，数控铣床可分为立式数控铣床、卧式数控铣床和数控龙门铣床等。

8.1.1 立式数控铣床

立式数控铣床一般可进行三坐标联动加工，目前这类铣床占大多数。如图 8-1 所示，立式数控铣床主轴与机床工作台面垂直，工件装夹方便，加工时便于观察，但不便于排屑。立式数控铣床一般采用固定式立柱结构，工作台不升降，主轴箱带动主轴作上下运动，并通过立柱内的平衡铁块平衡主轴箱的质量。为保证机床的刚性，主轴中心线距立柱导轨面的距离不能太大，因此，这种结构主要用于中、小尺寸的数控铣床。

此外，有的立式数控铣床主轴还可以绕 x、y 坐标轴中的一个或两个作数控回转运动，称为四坐标和五坐标立式数控铣床。通常，机床控制的坐标轴越多，尤其是要求联动的坐标轴越多，机床的功能、加工范围及可选择的加工对象也越多。但对数控系统的要求更高，编程难度更大，设备的价格也更高。

立式数控铣床也可以采用双工作台，这样可以自动交换工作台，进一步提高生产率。

8.1.2 卧式数控铣床

卧式数控铣床与通用卧式铣床相同，其主轴中心线平行于水平面。如图 8-2 所示，卧式数控铣床的主轴与机床工作台的平面平行，加工时不便于观察，但排屑顺畅。为了扩大加工范围和扩充功能，卧式数控铣床一般配有数控回转工作台或万能数控转盘，以实现四坐标、五坐标加工，这样不但工件侧面上的连续轮廓可以加工出来，而且可以实现在一次安装过程中，通过转盘改变工位，进行"多面加工"。尤其是万能数控转盘可以把工件上各种不同的平面角度或空间角度的加工面摆成水平来加工，这样可以省去很多专用夹具或专用角度的成形铣刀。虽然卧式数控铣床在增加了万能数控转盘后很容易做到对工件进行"多面加工"，使其加工范围更加广泛，但从制造成本上考虑，单纯的卧式数控铣床现在已经比较少，大多是在配备自动换刀装置及刀库后的卧式加工中心。

8.1.3 数控龙门铣床

对于大尺寸的数控铣床，一般采用对称的双立柱结构，以保证机床的整体刚性和强度，这就是数控龙门铣床。如图8-3所示，数控龙门铣床有工作台移动和龙门架移动两种形式，主要用于大、中等尺寸，大、中等质量的各种大基础件的加工，适用于航空、重机、机车、造船、机床、印刷和模具等制造行业。

图8-1　立式数控铣床

图8-2　卧式数控铣床

图8-3　数控龙门铣床

8.2　数控铣床编程基础

笔记

8.2.1　数控铣床的坐标系

8.2.1.1　机床坐标系

机床坐标系是机床固有的坐标系。机床坐标系的原点也称为机床原点或机床零点。在机床经过设计制造和调整后这个原点便被确定下来，它是固定的点。数控装置上电时并不知道机床零点。每个坐标轴的机械行程是由最大和最小限位开关来限定的。

为了正确地在机床工作时建立机床坐标系，通常在每个坐标轴的移动范围内设置一个机床参考点（测量起点），机床起动时，通常要进行机动或手动回参考点，以建立机床坐标系。机床参考点可以与机床零点重合，也可以不重合，通过参数指定机床参考点到机床零点的距离。机床回到了参考点位置，也就知道了该坐标轴的零点位置，找到所有坐标轴的参考点，CNC就建立起了机床坐标系。

8.2.1.2　工件坐标系

工件坐标系是编程人员在编程时使用的，编程人员选择工件上的某一已知点为原点，也称程序原点，建立一个新的坐标系，称为工件坐标系。工件坐标系一旦建立便一直有效，直到被新的工件坐标系所取代。

工件坐标系的原点选择要尽量满足编程简单，尺寸换算少，引起的加工误差小等条件。一般情况下，以坐标式尺寸标注的零件，程序原点应选在尺寸标注的基准点；对称零件或以同心圆为主的零件，程序原点应选在对称中心线或圆心上，Z轴的程序原点通常选在工件的上表面。

加工开始时要设置工件坐标系，用 G54~G59 指令可选择工件坐标系。G54~G59 是系统预定的6个工件坐标系（如图8-4所示），可根据需要任意选用。

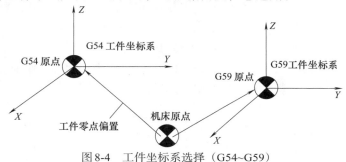

图8-4　工件坐标系选择（G54~G59）

8.2.2　数控铣床的基本指令

（1）快速定位指令 G00

格式：G00 X_Y_Z_　说明：X、Y、Z 为快速定位终点。在 G90 时为终点在工件坐标系中的坐标；在 G91 时为终点相对于起点的位移量。

（2）线性进给指令 G01

格式：G01 X_Y_Z_F_　说明：X、Y、Z为线性进给终点。在 G90 时为终点在工件坐标系中的坐标；在 G91 时为终点相对于起点的位移量。F为合成进给速度。

（3）圆弧进给指令 G02/G03

格式：G17（G18或G19）G02（G03）X_Y_ R_(I_J_) F_　说明：G02 为顺时针圆弧插补；G03 为逆时针圆弧插补；G17 为 XY 平面的圆弧，G18 为 ZX 平面的圆弧，G19 为 YZ 平面的圆弧；X，Y，Z 圆弧终点，在 G90 时为圆弧终点在工件坐标系中的坐标，在 G91 时为圆弧终点相对于圆弧起点的位移量；R 为圆弧半径，当圆弧圆心角小于等于 180°时，用R来编程，当圆心角大于180°时，用I、J、K来编程；I、J、K为圆心相对于

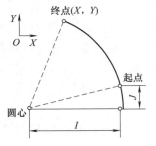
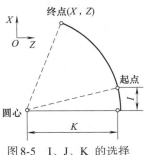
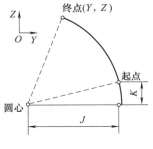

图8-5　I、J、K 的选择

圆弧起点的偏移值（等于圆心的坐标减去圆弧起点的坐标，如图8-5所示）。

8.2.3 数控铣的刀具半径补偿

数控铣削中，刀具是使用的圆柱体切削刀具，切削工件的刀刃是圆柱体刀具的圆周刃，而数控铣编程往往是以刀具的中心为基准点来编程的，所以在数控铣编程中要用到刀具半径补偿功能。

刀具半径补偿指令 G40、G41、G42。

格式：G01（G00） G41（G42或G40）X_Y_Z_D_。

说明：G40：取消刀具半径补偿。

G41：左刀补（沿着刀具前进方向看，刀具在轮廓的左侧，为左刀补）。

G42：右刀补（沿着刀具前进方向看，刀具在轮廓的右侧，为右刀补）。

X，Y，Z：G00/G01 的参数 即刀补建立或取消的终点

D：G41/G42 的参数 即刀补号码（D00~D99），它代表了刀补表中对应的半径补偿值。

G40、G41、G42 都是模态代码，可相互注销。

8.3 数控铣刀及安装

8.3.1 数控铣床常用刀具介绍

数控加工刀具从结构上可分为：①整体式；②镶嵌式，镶嵌式又可分为焊接式和机夹式。机夹式根据刀体结构不同，又分为可转位和不转位两种；③减振式，当刀具的工作臂长与直径之比较大时，为了减少刀具的振动，提高加工精度，多采用此类刀具；④内冷式，切削液通过刀体内部由喷孔喷射到刀具的切削刃部；⑤特殊形式，如复合刀具、可逆攻螺纹刀具等。

笔记

数控铣床和加工中心上用到的刀具有：①钻削刀具，包括用来钻孔、攻螺纹、铰孔等的刀具；②镗削刀具，分为粗镗、精镗等刀具；③铣削刀具，分面铣、立铣、三面刃铣等刀具。

8.3.1.1 钻削刀具

在数控铣床上钻孔都是无钻模导套直接钻孔的，一般钻孔深度约为直径的5倍，加工细长孔时刀具容易折断，因此要注意冷却和排屑，一般采用啄钻的方法解决。用整体式硬质合金钻头钻孔时，如果钻削深孔，切削液可以从钻头中心引入。为了提高钻头的寿命，钻头上涂有一层碳化钛，它的寿命为一般钻头的2~3倍。在钻孔前一般先用中心钻钻一个中心孔，或用一个刚性较好的短钻头划窝，解决在铸件毛坯表面的引正等问题。划窝一般采用ϕ8~ϕ15mm的钻头。

当工件毛坯表面非常硬，钻头无法划窝时，可先用硬质合金立铣刀在欲钻孔部位先铣一个小平面，然后再用中心钻钻一个引孔，解决硬表面钻孔的引正问题。

8.3.1.2 铣削刀具

铣削加工用刀具种类很多，在数控铣床和加工中心上常用的铣刀（如图8-6所示）如下。

① 面铣刀。面铣刀主要用于立式铣床上加工平面、台阶面等。面铣刀的圆周表面和端面上都有切削刃，多制成套式镶齿结构，刀齿材料为高速钢或硬质合金，刀体材料一般为40Cr。

硬质合金面铣刀与高速钢面铣刀相比，铣削速度较高，加工效率高，加工表面质量也较好，并可加工带有硬皮和淬硬层的工件，故得到广泛应用。目前广泛应用的可转位式硬质合金面铣刀结构如图8-6所示，它将可转位刀片通过夹紧元件夹固在刀体上，当刀片的一个切削刃用钝后，可直接在机床上将刀片转位或更换新刀片。可转位式铣刀要求刀片定位精度高、夹紧可靠、排屑容易、更换刀片迅速等，同时各定位、夹紧元件通用性要好，制造要方便，并且应经久耐用。

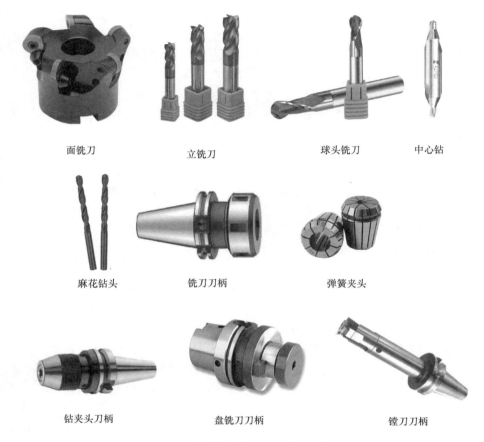

| 面铣刀 | 立铣刀 | 球头铣刀 | 中心钻 |

| 麻花钻头 | 铣刀刀柄 | 弹簧夹头 |

| 钻夹头刀柄 | 盘铣刀刀柄 | 镗刀刀柄 |

图8-6　常用数控铣刀、夹具和刀柄

② 立铣刀。立铣刀是数控铣床上用得最多的一种铣刀，主要用于立式铣床上加工凹槽、台阶面等。

立铣刀的圆柱表面和端面上都有切削刃，它们可同时进行切削，也可单独进行切削。立铣刀端面刃主要用来加工与侧面相垂直的底平面。图中的直柄立铣刀分别为两刃、三刃和四刃的铣刀。当然立铣刀还有六刃、八刃等多刃，多刃立铣刀一般用来精加工侧面和底面。立铣刀和镶硬质合金刀片的立铣刀主要用于加工凸轮、凹槽和箱体面等。

笔记

③ 模具铣刀。模具铣刀由立铣刀发展而成，主要用于立式铣床上加工模具型腔、三维成形表面等。它可分为圆锥形立铣刀、圆柱形球头立铣刀和圆锥形球头立铣刀3种，其柄部有直柄、削平型直柄和莫氏锥柄。模具铣刀的结构特点是球头或端面上布满了切削刃，圆周刃与球头刃圆弧连接，可以作径向和轴向进给，铣刀工作部分用高速钢或硬质合金制造。小规格的硬质合金模具铣刀多制成整体结构，ϕ16mm以上直径的，制成焊接或机夹式可转位刀片结构。

曲面加工常采用球头铣刀，但加工曲面较平坦部位时，刀具以球头顶端刃切削，切削条件较差，因而应采用圆弧面铣刀。

④ 键槽铣刀。键槽铣刀主要用于立式铣床上加工圆头封闭键槽等。键槽铣刀有两个刀齿，圆柱面和端面都有切削刃。键槽铣刀可以不经预钻工艺孔而轴向进给达到槽深，然后沿键槽方向铣出键槽全长。

⑤ 镗孔刀具。在数控铣床上进行镗削加工通常采用悬臂式加工，因此要求镗刀有足够的刚性和较好的精度。在镗孔过程中一般都采用移动工作台或立柱完成Z向进给（卧式），保证悬伸不变，从而获得进给的刚性。

大直径的镗孔加工可选用可调双刃镗刀，镗刀两端的双刃同时参与切削，每转进给量高，效率高，同时可消除切削力对镗刀杆的影响。

8.3.2 数控铣刀的安装及使用

8.3.2.1 弹簧夹头刀柄

数控铣床上用的立铣刀和钻头大多采用弹簧夹套装夹方式安装在刀柄上。刀柄由主柄部、弹簧夹套、夹紧螺母组成，如图8-6所示。

铣刀安装顺序如下：
① 把弹簧夹套装在夹紧螺母里。
② 将刀具放进弹簧夹套里。
③ 将刀具整体放到与主刀柄配合的位置上并用扳手将夹紧螺母拧紧，使刀具夹紧。
④ 将刀柄安装到机床的主轴上。

笔记

由于铣刀使用时处于悬臂状态，在铣削加工过程中，有时可能出现立铣刀从刀夹中逐渐伸出，甚至完全掉落，致使工件报废的现象，其原因一般是刀夹内孔与立铣刀刀柄外径之间存在油膜，造成夹紧力不足。立铣刀出厂时通常都涂有防锈油，如果切削时使用非水溶性切削油，弹簧夹套内孔也会附着一层雾状油膜，当刀柄和弹簧夹套上都存在油膜时，弹簧夹套很难牢固夹紧刀柄，在加工中立铣刀就容易松动掉落。所以在立铣刀装夹前，应先将立铣刀柄部和弹簧夹套内孔用清洗液清洗干净，擦干后再进行装夹。当立铣刀的直径较大时，即使刀柄和刀夹都很清洁，还是可能发生掉刀事故，这时应选用带削平缺口的刀柄和相应的侧面锁紧方式。

8.3.2.2 锥柄钻头刀柄

数控铣床上用的大直径钻头大多采用莫氏锥柄安装在锥柄刀柄上，刀柄由主柄部、退刀槽、锥柄组成。

锥柄钻头的安装顺序如下：

① 把锥柄钻头安装在锥柄里。

② 用木块敲击钻头使其和刀柄紧密接触。

③ 将刀柄安装到机床的主轴上。

由于锥柄钻头只是用来钻孔或者扩孔的，所受的力是向上的压力，所以这样的刀具不用径向夹紧。

8.3.2.3 盘铣刀刀柄

数控铣床上用的ϕ40mm以上的铣刀大多采用盘铣刀，安装在盘铣刀刀柄上，刀柄由主柄部、固定块、锁紧螺栓组成，如图8-6所示。

盘铣刀的安装顺序如下：

① 把锁紧螺栓拧出。

② 把盘铣刀安装在刀柄上，注意固定块要对槽。

③ 拧紧锁紧螺栓。

④ 将刀柄安装到机床的主轴上。

盘铣刀由于直径比较大，所以其加工效率比较一般盘铣刀刀柄的结构铣刀的加工效率高出很多。盘铣刀经常用在大型模具及工件的加工中。

8.3.2.4 直柄钻头刀柄

数控铣床上用的ϕ14mm以下的钻头大多采用直柄钻头安装在直柄钻头刀柄上，刀柄由主柄部、锁紧孔、夹头组成。

直柄钻头的安装顺序如下：

① 用扳手扳住锁紧孔把夹头拧开。

② 把钻头装入夹头中。

③ 用扳手拧紧夹头。

④ 将刀柄安装到机床的主轴上。

8.3.2.5 镗刀刀柄

数控铣床上加工精度比较高、内孔表面质量比较好的孔一般使用镗刀加工，镗刀刀柄由主柄部、调节孔、镗刀刃组成，如图8-6所示。

镗刀的安装顺序如下：

① 拧调节孔调整螺母把镗刀调节到合适的加工范围。

② 将刀柄安装到机床的主轴上。

8.4 数控铣床基本操作

8.4.1 数控铣床开、关机操作

8.4.1.1 数控铣床开机操作顺序

① 打开压缩空气开关。

笔记

② 将电气箱侧面的电源开关旋至"ON",打开机床主电源。完成该动作后,可以听到电气箱中散热器转动的声音。

③ 按下数控系统面板上的电源开关(POWER ON),启动数控系统和CRT屏幕。该操作需要等待十几秒,以完成数控系统的装载。

④ 将紧急开关(EMERGENCY STOP)打开。

⑤ 按下数控系统就绪键,使数控系统就位,CRT屏幕显示"READY"。

⑥ 将模式选择旋钮旋至原点回归模式,再按下程序启动按钮,执行自动回原点操作。

8.4.1.2 数控铣床关机操作顺序

① 将工作台移动到安全的位置。

② 将主轴停止转动。

③ 按下紧急开关,停止油压系统及所有驱动元件。

④ 按下数控系统面板上的"电源关"按键,关闭数控系统和CRT屏幕。

⑤ 将电气箱侧面的电源开关旋至"OFF",关闭机床主电源。

⑥ 关闭压缩空气开关。

8.4.2 数控铣床操作面板

本节内容以FANUC 0i Mate MC系统为例进行讲述。

8.4.2.1 面板组成

面板组成如图8-7所示。

笔记

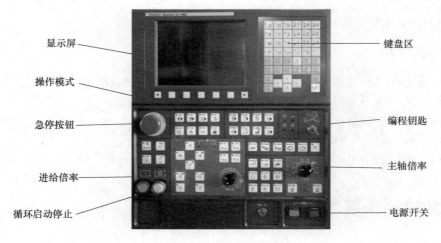

图8-7 FANUC操作面板

8.4.2.2 操作模式

机床操作模式有AUTO自动模式、MDI模式、DNC在线加工模式、EDIT编辑模式、HANDLE手轮模式、JOG手动模式、RAPID手动快速进给模式、REF回零模式等。

(1)AUTO自动模式

自动运行程序进行加工的方式。

（2）MDI模式

手动数据输入方式。可用于数据（如参数、刀偏量、坐标系等）的输入；该方式也可以用来直接执行单个（或几个）指令或对单段（或几段）程序进行控制。输入指令或程序段时不需要编写程序名和程序段序号，并且指令或程序一旦执行完以后，就不再驻留在内存。

选择MDI模式，输入程序段，如"M03S800"，按循环启动按钮，主轴开始正转，切换到JOG手动模式，按下主轴停止按钮，主轴停止。

（3）DNC在线加工模式

在此方式中，机床可以和外部设备（如计算机）进行通信，执行存储在外部设备中的程序。如计算机可一边传输程序机床一边加工（称为在线加工），可不受CNC系统内存容量的限制。

（4）EDIT编辑模式

程序的输入、编辑和存储方式。程序的输入、存储、编辑和调用都必须在该模式下执行。

（5）HANDLE手轮模式

手摇脉冲发生器方式。摇动手轮来移动机床，而实现进给运动。在这个方式下，通过摇动手摇脉冲发生器来达到机床移动控制的目的。

（6）JOG手动模式

手动进给方式。使用点动按键来使机床朝某方向轴的进给移动。手动方式也是增量进行方式，在该方式下，按住机床操作面板中某轴的方向按键不放时，则该轴向对应方向作连续的移动。而每按一次方向按键时，则机床只移动一个脉冲当量。

（7）REF回零模式

机床一上电之后，手动返回机床原点，只有先进行机床回零，才可以执行自动运行等操作。在回零方式下，一般Z轴先回零，再X、Y轴回零。

8.4.2.3　超程检查

在X、Y、Z三轴返回参考点后，机床坐标系被建立，同时参数给定的各轴行程极限变为有效，如果执行试图超出行程极限的操作，则运动轴到达极限位置时减速停止，并给出软极限报警。需手动使该轴离开极限位置并按复位键后，报警才能解除。该极限由NC直接监控各轴位置来实现，称为软极限。

在各轴的正负向行程软极限外侧，由行程极限开关和撞块构成的超程保护系统被称为硬极限，当撞块压上硬极限开关时，机床各轴迅速停止，伺服系统断开，NC给出硬极限报警。此时需在手动方式下按住超程解除按钮，使伺服系统通电，然后继续按住超程解除按钮并手动使超程轴离开极限位置。

8.4.3　数控铣床对刀控制

8.4.3.1　刀具补偿值的设定

操作步骤：

① 将操作方式选择旋钮置于MDI位置。

笔记

② 按功能 [OFFSET/SETTNO] 键，刀具补偿界面会显示在屏幕上，如果屏幕上没有显示该界面，可以按 [补正] 软键打开，如图8-8所示。

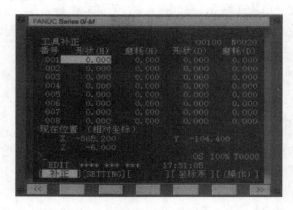

图8-8　刀具补偿输入前界面

③ 按 ↑ 或 ↓ 键移动光标到要输入或修改的偏置号，如要设定009号刀的形状（H），可以使用光标键将光标移到需要设定刀补的地方。

④ 键入偏置值，按 [INPUT] 键，即输入到指定的偏置号内，如输入数值 "−1.0"，如图8-9所示。

笔记

图8-9　刀具补偿输入后界面

⑤ 在输入数字的同时，软键盘中出现 [输入] 软键，如果要修改输入的值，可以直接输入新值，然后按输入键 [INPUT] 或按 [输入] 软键。也可以利用 [+输入] 软键，在原来补偿值的基础上，添加一个输入值作为当前的补偿值。

8.4.3.2　对刀

一般来讲，在机床加工过程中，通常使用的有两个坐标系：一个是机床坐标系；另外一个是工件坐标系。对刀的目的是为了确定工件坐标系与机床坐标系之间的空间位置关系，即确定对刀点相对工件坐标原点的空间位置关系，将对刀数据输入到相应的工件坐标系设定存储单元。对刀操作分为X向、Y向和Z向对刀。

根据现有条件和加工精度要求选择对刀方法。目前常用的对刀方法主要有两种：简易对刀法（如试切对刀法、寻边器对刀、Z向设定器对刀等）和对刀仪自动对刀法。

对刀的具体步骤如下：

① 装夹工件毛坯，并使工件定位基准面所形成的坐标系与机床坐标系对应坐标轴方向一致。

② 用简易对刀法进行对刀。注意对刀时要起动主轴。

8.4.3.3 设定工件坐标系

对刀后将对刀数据输入到相应的存储单元即为工件坐标系的设定。本系统设置G54~G59六个可供操作者选择的工件坐标系，具体可根据需要选用其中的一个来确定工件坐标系。工件坐标系设定操作步骤如下：

① 操作方式选择旋钮可在任何位置。

② 按功能键 [OFFSET SETTING]（可连续按此键在不同的窗口切换），也可以按软键盘中的坐标系软键，切换后得到的界面如图8-10所示。

③ 移动光标使其对应于设定的位置号码，如要设定工件坐标系为"G54 X20.0 Y50.0 Z30.0;"，首先将光标移到G54的位置上。

④ 按工件加工起刀点位置对刀后，分别输入起刀点相对工件坐标系原点的 X、Y、Z 值，然后按 [INPUT] 键，起刀点坐标值即显示在屏幕上，如图8-11所示。

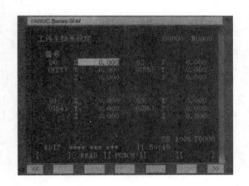

图8-10 工件坐标系设定界面

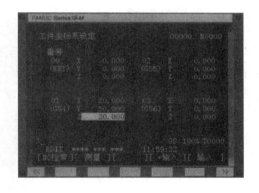

图8-11 工件坐标系设定

8.4.4 加工程序的输入和编辑

加工程序的输入和编辑方法如表8-1所示。

表8-1 加工程序的输入和编辑方法

类别	项目	程序保护	按键选择	功能键	操作说明
将程序输入内存	单一程序输入,程序号不变	右旋	EDIT或AU-TO	PRGRM	按INPUT键
	单一程序输入,程序号变				键入程序号→INPUT
	多个程序输入				按INPUT键或键入程序号→INPUT
MDI键盘输入程序			EDIT		输入程序号→INSRT→键入字→INSRT→段结束键入EOB→INSRT

续表

类别	项目	程序保护	按键选择	功能键	操作说明
检索	程序号检索	右旋	EDIT 或 AU-TO	PRGRM	键入程序号→按光标键↓选择或键入地址 O→按光标键↓
	程序段检索				程序号检索→键入段号→按光标↓键或键入 N→按光标键↓
	指令字或地址检索				程序号检索→程序段检索→键入指令或地址→按光标键↓
编辑	扫描程序				程序号检索→程序段检索→按光标键1或翻页键1扫描程序
	插入一个程序		EDIT		检索插入位置前一个字→键入指令字→INSRT
	修改一个字				检索要修改的字→键入指令字→ALTER
	删除一个字				检索要删除的字→DELET
	删除一个程序段				检索要删除的程序段号→DELET
	删除一个程序				检索要删除的程序号→DELET
	删除全部程序				键入 0~9999→DELET

8.4.5 数控铣床对刀操作

数控铣床的对刀操作有机内对刀和机外对刀两种方法。所谓机内对刀是直接通过刀具确定工件坐标系，机外对刀则需要使用对刀仪器，测量刀具的回转半径和刀尖相对于基准面的高度。

8.4.5.1 工件坐标系零点的设置（如图 8-12 所示）

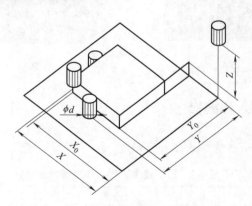

图 8-12 设置工件坐标系零点

① 对刀操作。设置数控铣床手动功能状态，具体操作如下：

a. 刀具位于工件左侧，轻微接触工件左侧，记录 X 坐标值。

b. 刀具位于工件前侧，轻微接触工件前侧，记录 Y 坐标值。

c. 刀具位于工件上面，轻微接触工件上表面，记录 Z 坐标值。

② 工件坐标系原点的坐标计算公式如下：

$$X_0 = -(|X| - d/2)$$
$$Y_0 = -(|Y| - d/2)$$
$$Z_0 = Z$$

③ 设定工件坐标系。移动刀具至 X_0、Y_0、Z_0 坐标位置，此时刀位点与工件坐标系零点重合，设定数控铣床置零功能状态，设 X_0、Y_0、Z_0 坐标值为零，在数控系统内部建立了以刀位点为原点的工件坐标系。

8.4.5.2 对刀仪对刀法

如图 8-13 所示，测定每把刀的刀尖至主轴中心线的半径值和刀尖至基准面的刀尖高度，并推算各把刀刀尖高度与标准刀具刀尖高度的差值，把这些刀具参数输入数控系统后，通过刀具的补偿指令，数控铣床自动实现刀具半径补偿和刀具长度补偿。

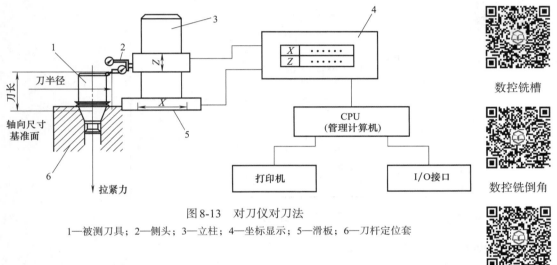

图 8-13 对刀仪对刀法

1—被测刀具；2—侧头；3—立柱；4—坐标显示；5—滑板；6—刀杆定位套

数控铣槽

数控铣倒角

数控铣虎钳压板

8.5 数控铣床加工实训案例

8.5.1 数控铣床加工工艺分析案例

8.5.1.1 写出图8-14所示零件的编程用刀及加工工艺安排

工艺分析：

① 机床。FANUC 0i Mate MC 系统数控铣床。

② 夹具。精密机用平口钳。

③ 毛坯。100mm×100mm×50mm 的铝材。

④ 工艺顺序。用机用平口钳装夹工件。先铣上表面，然后铣凸台和凹槽，最后钻孔铰孔。

⑤ 加工工序

笔记

数控铣台阶

数控铣削孔

数控铣削螺纹

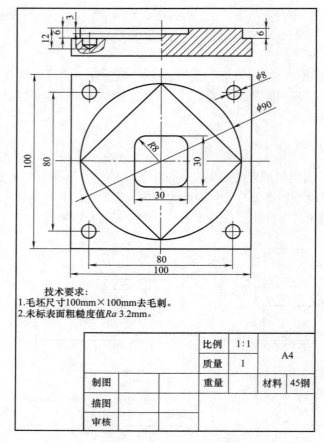

图 8-14 工艺分析案例 1

a. 用 ϕ60mm 的盘铣刀铣上表面，达到 Ra3.2μm。

b. 用 ϕ10mm 高速钢立铣刀粗铣 ϕ90mm 的圆台→粗铣 63.64mm×63.64mm 的四方台面→粗铣 30mm×30mm 的倒圆角方槽，留 0.2mm 单边余量。

笔记

c. 用 ϕ10mm 高速钢立铣刀精铣 30mm×30mm 的倒圆角方槽、精铣 63.64mm×63.64mm 的四方台面→精铣 ϕ90mm 的圆台。

d. 用 ϕ7.8mm 钻头钻四个毛坯孔。

e. 用 ϕ8mm 铰刀铰四个 ϕ8 的孔。

8.5.1.2 写出图 8-15 所示零件的编程用刀及加工工艺安排

工艺分析：

① 机床。FANUC 0i Mate MC 系统数控铣床。

② 夹具。精密机用平口钳。

③ 毛坯。95mm×95mm×25mm 的 45 钢。

④ 顺序。用机用平口钳装夹工件。伸出钳口 8mm 左右。先铣上表面，接着铣削 90mm×90mm 外轮廓，然后铣 4 个 ϕ80mm 和 R40mm 外轮廓，铣 4 个宽 20mm 的槽，最后钻铰 4 个 ϕ6 的孔。

⑤ 加工工序

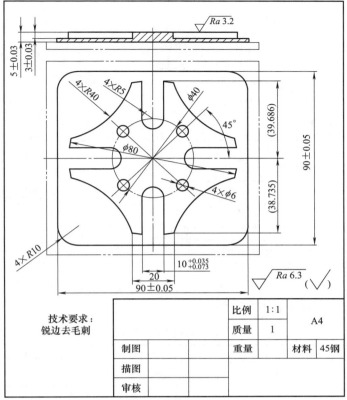

图8-15　工艺分析案例2

a. 用 ϕ60mm 的盘铣刀铣上表面，达到 Ra3.2μm。

b. 用 ϕ10mm 立铣刀粗铣 90mm×90mm 外轮廓，留 0.2mm 单边余量。

c. 用 ϕ10mm 立铣刀铣 ϕ80mm 和 4 个 R40mm 外轮廓，留 0.2mm 单边余量。

d. 用 ϕ10mm 立铣刀铣 4 个宽 20mm 的槽。

e. 用 ϕ10mm 立铣刀精铣外轮廓到尺寸。

f. 用 ϕ5.8mm 的钻头钻孔。

g. 用 ϕ6mm 的铰刀铰孔。

8.5.2　首饰盒的加工

如图 8-16 所示为首饰盒装配图，由首饰盒盖与首饰盒座构成，采用带有斜度的燕尾进行配合，盒座中央是槽腔。

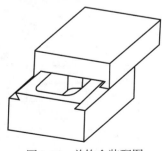

图8-16　首饰盒装配图

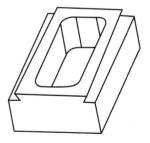

图8-17　首饰盒座模型图

笔记

8.5.2.1 首饰盒座的图形与加工

首饰盒座的图形和尺寸如图8-17、图8-18所示。

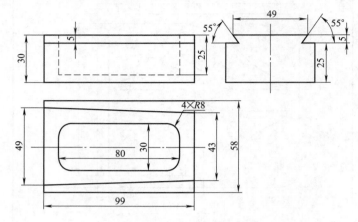

图8-18　首饰盒座尺寸图

首饰盒座的加工流程如表8-2所示。

表8-2　首饰盒座加工流程

序号	操作内容	加工简图
1	铣工件底面,铣光	110 × 65
2	铣工件前、后两端面,使宽度为58	110 × 58
3	铣工件左、右两端面使长度为99	99 × 58
4	铣工件上表面,使工件厚度为30	30
5	铣工件型腔,尺寸 80×30,4-R8到位	4×R8, 49, 80, 30, 43, 58, 99

序号	操作内容	加工简图
6	铣前、后两个台阶,深度为5,尺寸49,43铣到位	
7	铣前、后对称的两条燕尾槽,角度55°	

8.5.2.2 首饰盒盖的图形与加工

首饰盒盖的图形和尺寸如图8-19、图8-20所示。

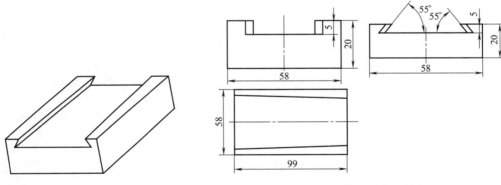

图8-19 首饰盒盖模型图　　　　　图8-20 首饰盒盖尺寸图

首饰盒盖的加工流程如表8-3所示。

表8-3 首饰盒盖加工流程

序号	操作内容	加工简图
1	铣工件底面,铣光	

笔记✏

续表

序号	操作内容	加工简图
2	铣工件前、后两端面,使宽度为58	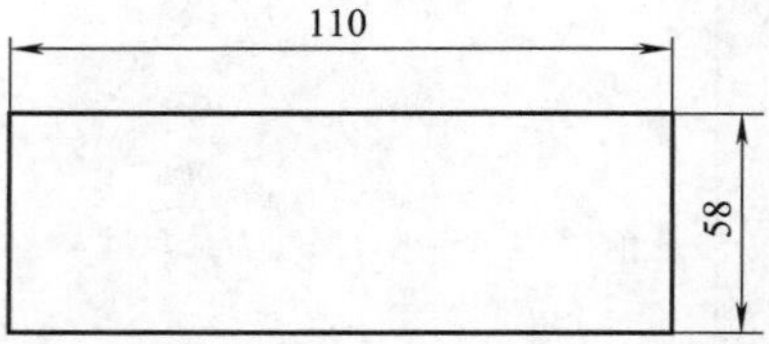
3	铣工件左、右两端面,使长度为99.5	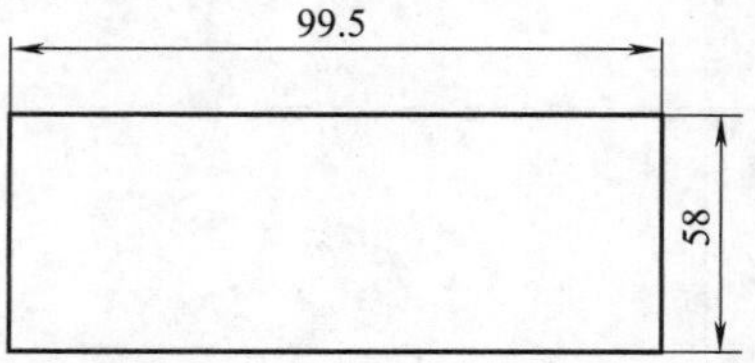
4	铣工件上表面,使工件厚度为20	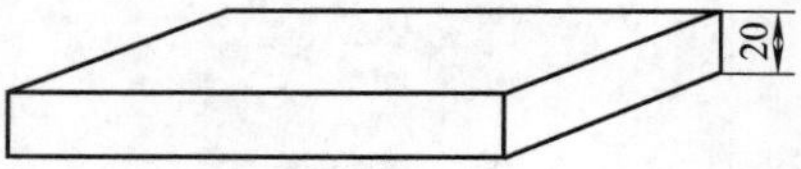
5	铣锥形直角槽,深度为5	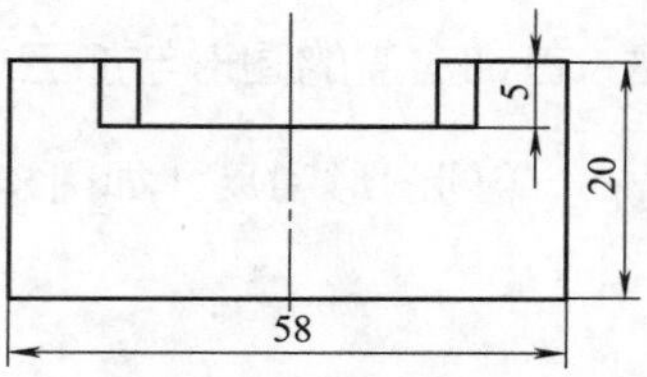
6	铣前、后对称的两条燕尾槽,角度55°	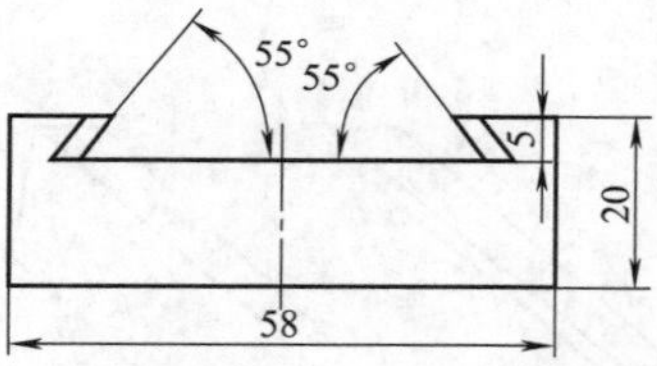
7	与首饰盒座相配,铣工件左、右两端面,使长度为99	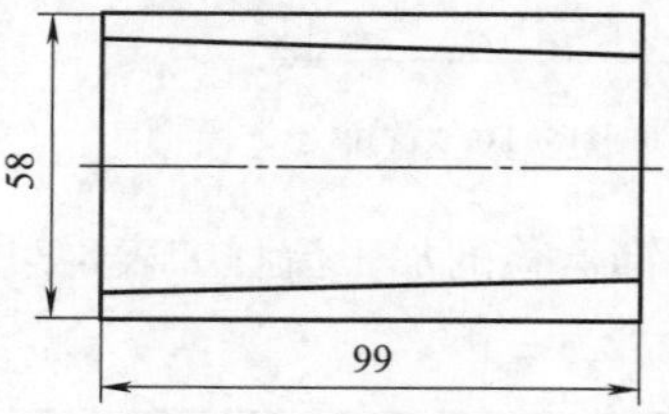

笔记

参 考 文 献

[1] 金捷. 金工实习 [M]. 上海： 复旦大学出版社，2011.

[2] 王俊伟，杨淑启. 金工实习 [M]. 北京：北京师范大学出版社，2005.

[3] 朱流. 金工实习 [M]. 北京：机械工业出版社，2013.

[4] 黎成辉，廖威春. 金工实习 [M]. 北京：中国铁道出版社，2015.

[5] 王增强. 普通机械加工技能实训 [M]. 北京：机械工业出版社，2007.

[6] 徐金凤. 机械加工技能训练 [M]. 北京：电子工业出版社，2012.